冶金工业出版社

高职高专"十四五"规划教材

# 工 程 力 学

主　编　李传鸿　刘艳艳　杨志强
副主编　许　进　吕遵勇　牛振伟

扫码输入刮刮卡密码
查看数字资源

北　京
冶 金 工 业 出 版 社
2024

## 内 容 提 要

本书以模块形式详细介绍了工程力学相关内容。全书共分9个模块，主要内容包括刚体静力分析基础、平面力系、空间力系与重心、弹性变形体静力分析基础、杆件的内力分析、杆件的应力与强度计算、杆件的变形与刚度计算、压杆稳定、动载荷与交变应力等。

本书可作为高职院校装备制造、材料等相关专业的教材，也可供与工程力学相关的工程技术人员和科研人员参考。

### 图书在版编目（CIP）数据

工程力学/李传鸿，刘艳艳，杨志强主编 . --北京：冶金工业出版社，2024. 8. --ISBN 978-7-5024-9928-0

Ⅰ. TB12

中国国家版本馆 CIP 数据核字第 2024FC5724 号

**工程力学**

| | | | |
|---|---|---|---|
| **出版发行** 冶金工业出版社 | | **电 话** | （010）64027926 |
| **地 址** 北京市东城区嵩祝院北巷 39 号 | | **邮 编** | 100009 |
| **网 址** www.mip1953.com | | **电子信箱** | service@ mip1953.com |

责任编辑 杜婷婷　美术编辑 吕欣童　版式设计 郑小利
责任校对 郑 娟　责任印制 禹 蕊

北京建宏印刷有限公司印刷

2024 年 8 月第 1 版，2024 年 8 月第 1 次印刷

787mm×1092mm　1/16；11 印张；265 千字；165 页

定价 45.00 元

投稿电话 （010）64027932　投稿信箱 tougao@cnmip.com.cn
营销中心电话 （010）64044283
冶金工业出版社天猫旗舰店　yjgycbs.tmall.com
（本书如有印装质量问题，本社营销中心负责退换）

# 前　言

本书是在试用多年的校本教材基础上，经过多次修改完善后编写而成的。本书以培养学生的技术应用能力为主线设计培养方案，以应用为主构建课程体系和教学内容，突出高等职业教育特色，旨在培养高素质技术技能人才。因此，本书在内容上以"需要"为准绳，"够用"为尺度，"会用"为目标，将理论力学、材料力学和结构力学内容有机结合，文字简明、内容精练；在内容编排上，以"突出技能、重在实用、淡化理论、够用为度"为指导思想，采用模块化教学模式，结合所讲授的内容，每个模块都给出了知识目标和技能目标。此外，为使学生具备一定的可持续发展能力，本书增加了一些选学内容，学生可根据自身的特点和爱好，选学其中的部分内容。与同类教材相比，本书具有如下特点：

1. 语言简练，通俗易懂。为符合高职教学的特点，本书在保证工程力学的完整性和严谨性的前提下，注意语言规范；在文字叙述和理论推导时，力求删繁就简、简明扼要，避免连篇累牍的术语而又不是"白话力学"。

2. 在职业教育层面上力求推陈出新。针对以往工程力学条块分割比较严重、学生普遍解题难的现象，本书在编写过程中，在中专、本科教材的基础上进行基础知识的合理整合，把静力学及材料力学中所隐含的纵向线体现出来，提高学生分析问题和解决问题的能力。

3. 理论联系实际，增强应用性。首先，在理论的讲解上结合日常生活的实例，增加了本书的趣味性和可读性；其次，在例题和习题的选取上结合工程实例，突出实训环节，培养学生解决实际问题的能力。

4. 增加课程思政元素，突出育人使命。在每个模块内容概要之后，由思政元素引导学习情境，方便教师在课程教学中润物无声、如盐入水地强化学生的工程伦理教育、工匠精神培养，激发学生科技报国的家国情怀和使命担当。

本书由伊春职业学院和建龙西林钢铁有限公司（简称建龙西林钢铁）校企"双师"共同编写，由伊春职业学院李传鸿、刘艳艳、杨志强任主编，伊春职业学院许进及建龙西林钢铁吕遵勇、牛振伟任副主编，伊春职业学院任城龙、王健及建龙西林钢铁姜海龙、张嘉楠参编。具体编写分工为：绪论、模块 1、模块 3、模块 8 由李传鸿编写，并对全书进行统稿；模块 2、模块 9 由杨志强编写；模块 4、模块 6 由刘艳艳编写；模块 5、模块 7 由许进编写；吕遵勇、牛振伟、任城龙、王健、姜海龙、张嘉楠编写参数表、练习题、附录等，并对全书校核。

　　本书推荐教学时数为 48~72 学时，在目录中标题前加了 ＊ 号的为选学内容，可在学时充裕的情况下选用。

　　由于编者水平所限，书中不妥之处，敬请广大读者批评指正，以便在修订时改进。

编　者

2024 年 1 月

# 目 录

课件下载

# 0 绪 论

## 0.1 工程力学的研究对象与内容

工程中各种各样的机械等都是由若干构件（或零件）按一定的规律组合而成的。工程力学是研究构件机械运动的一般规律以及构件的强度、刚度和稳定性的科学。它包括了理论力学、材料力学和结构力学中的有关内容，是一门理论性和实践性都较强的课程。

理论力学是研究物体机械运动一般规律的科学。机械运动是指物体在空间的位置随时间的变化。它是最常见、最简单的运动形式。在工程实际应用中，有的物体做机械运动，有的物体处于静止状态。静止是机械运动的特殊情况。静止物体的受力平衡问题，是理论力学研究的主要内容。

工程中每一个构件，在工作时总要受到外力的作用，为了使构件在外力的作用下能正常工作而不被破坏，也不发生过度的变形和丧失稳定，就要求构件具有一定的强度（抵抗破坏的能力）、刚度（抵抗变形的能力）和稳定性（保持原有平衡形态的能力）。材料力学就是研究构件的强度、刚度和稳定性的科学，而结构力学是研究多个杆件结构的科学。

## 0.2 工程力学的研究方法

实验分析、理论分析和计算是工程力学主要的研究方法。

工程力学和其他学科一样，为抓住问题的主要因素而忽略次要因素，需要应用已有的知识和经验对所研究问题进行抽象简化，建立力学模型。例如，由于一般物体的变形很小，与物体的原始尺寸相比微不足道，因此在研究物体的平衡和运动时，可把物体抽象为刚体；而在研究物体的强度、刚度和稳定性问题时，则将物体抽象为连续、均匀、各向同性的变形体。

在建立力学模型的基础上，应用数学推演的方法，从少量的基本规律出发，得到从多方面揭示机械运动规律的定理、定律和公式，建立严密而完整的理论体系，这就是工程力学的基本研究方法。

对某一具体问题，应用力学原理得到的结论还需要实践的检验。

由于计算机技术的飞速发展和广泛应用，工程力学的研究方法（即理论方法和试验方法）也需要更新。而随着研究方法和研究手段的变革，工程力学也将从工程设计的辅助手段发展为主要手段。

## 0.3　学习工程力学的目的

工程力学是一门技术基础课，它所阐述的规律一方面具有普遍性，是一门基础科学，另一方面又和工程实际问题紧密相联，是一门技术科学。它为机械设计、冶金机械设备等后续课程提供必要的理论基础，是工程类专业学生从基础课学习向专业课学习过渡的桥梁。

通过本书的学习，学生应掌握物体的受力分析、平衡条件及平衡方程的应用；掌握基本构件的强度、刚度和稳定性问题的分析和计算；掌握平面杆件结构内力的计算方法。

工程力学的研究方法具有一定的代表性，因此充分理解工程力学的研究方法，不仅有助于深入地掌握这门学科，而且有助于学习其他科学技术理论，还有助于培养辩证唯物主义世界观和正确地分析问题、解决问题的能力，为今后解决工程实际问题和从事科学研究工作打下基础。在每一章内容概要之后由思政元素引导学习情境，在课程教学中强化学生的工程伦理教育及工匠精神培养，激发学生科技报国的家国情怀和使命担当。

# 模块 1　刚体静力分析基础

模块1课件

本模块介绍力的概念和性质、力矩的概念和计算、力偶的概念和性质、约束与约束力的概念、工程中常见的约束与约束力、物体的受力分析与受力图。这些构成了刚体静力分析的基础。

## ⊕ 知识目标

（1）理解静力学的基本概念，掌握力的概念及静力学公理。
（2）掌握力矩与力偶矩的概念及合力矩定理。
（3）掌握约束和约束反力。
（4）掌握物体受力图的画法。

## ☑ 技能目标

（1）能够运用力的效应，解释常见的力对物体的作用效果。
（2）会判断约束反力的方向。
（3）会画物体的受力图。

## 📝 思政课堂

早在我国古代，墨家就给"力"下了科学的定义。著作《墨经·经说》中写道："力，刑之所以奋也"。"奋"在古籍中可表示为由静到动、动之愈烈、由下上升等，表示了力对物体运动的影响。墨家还发现了杠杆的平衡条件，《墨经·经说》中记载："负：衡木，加重焉而不挠，极胜重也。若校交绳，无加焉而挠，极不胜重也。衡，加重于其一旁，必捶，权、重相若也。相衡，则本短标长。两加焉重相若，则标必下，标得权也。"墨家对杠杆平衡的研究，既考虑到力的大小，又考虑到力臂的长短，可以说已经提出了力矩的概念。墨家还研究了杠杆平衡的用途，如利用杠杆制成鼓风箱等。《墨子》分两大部分：一部分记载墨子言行，阐述墨子思想，主要反映了前期墨家的思想；另一部分《经上》《经下》《经说上》《经说下》《大取》《小取》等6篇，一般称作墨辩或墨经，着重阐述墨家的认识论和逻辑思想，还包含许多自然科学的内容，反映了后期墨家的思想，在逻辑史上被称为后期墨家逻辑或墨逻辑，是古代世界三大逻辑体系之一。

工程力学是以构件为研究对象，运用力学的一般规律分析和求解构件受力的情况与平衡问题，并建立构件安全工作的力学条件的一门学科。同时，为了符合经济原则，设计又要求少用材料或用廉价材料。工程力学的任务就是合理地解决这一矛盾，为实现既安全又经济的设计提供理论依据和计算方法。任何正确的研究方法，一定是符合辩证唯物主义的认识论的。工程力学也必须遵循这个正确的认识规律进行研究和发展。传统的力学研究方法有两种，即理论方法和试验方法。在对事物观察和实验的基础上，经过抽象化建立力学模型，形成概念。客观事物都是具体的、复杂的。为找出其共同规律性，必须抓住主要因素，舍弃次要因素，建立抽象化的力学模型。例如：在研究物体受外力作用平衡时，可以忽略物体形状的改变，采用刚体模型；但要分析物体内部的受力状态时，必须考虑到物体的变形，建立弹性体的模型。这种抽象化、理想化的方法，不仅简化了所研究的问题，而且能够达到足够的计算精度，满足工程的需要。工程力学包括理论力学（静力学部分）和材料力学两部分内容。

🔍 **相关知识**

# 学习情境 1.1　静力学的基本概念

### 1.1.1　静力学的研究对象

静力学是研究物体在力系作用下平衡规律的科学。力系，是指作用于物体上的一群力。平衡，是指物体相对于惯性参考系（如地面）处于静止或匀速直线运动。如房屋、桥梁、工厂中的各种固定设备及做匀速直线运动的车辆等，都处于平衡状态。平衡是机械运动的特殊情况。

静力学主要研究以下三个基本问题。

（1）物体的受力分析。分析物体的受力情况，即物体受几个力，每个力的作用点和方向如何。

（2）力系的等效替换（或简化）。若作用在刚体上的一力系可用另一力系来代替且不改变它对刚体的作用效应，则称这两个力系为等效力系或互等力系。所谓力系的简化，就是用一个简单的等效力系来代替作用在刚体上的一个复杂力系。研究力系简化的目的是简化刚体的受力情况，以便于进一步分析和研究刚体在力系作用下的平衡条件或运动规律。

（3）建立各种力系的平衡条件。物体平衡时，作用在物体上的各种力系所需满足的条件称为平衡条件。在工程中常见的力系按其作用线的位置可分为平面力系和空间力系两大类；平面力系还可进一步划分为平行力系、汇交力系和任意力系。各种力系的平衡条件具有不同的特点，使物体处于平衡状态的力系称为平衡力系。研究力系的平衡条件在工程上具有十分重要的意义，它是设计结构、构件和机械零件时静力计算的基础。

### 1.1.2　力的概念

力是物体间相互的机械作用，这种作用使物体的运动状态或形状发生改变。

力对物体的作用结果称为力的效应。力使物体运动状态（即速度）发生改变的效应称为运动效应或外效应；力使物体的形状发生改变的效应称为变形效应或内效应。

力的运动效应分为移动效应和转动效应两种。例如，球拍作用于乒乓球上的力如果不通过球心，则球在向前运动的同时还绕球心旋转。前者为移动效应，后者为转动效应。

实践表明，力对物体的效应取决于力的大小、方向和作用点，力的大小、方向和作用点称为力的三要素。

力的大小表示物体之间机械作用的强弱，在国际单位制（SI）中，以牛顿（N）或千牛顿（kN）作为力的单位。

力的方向表示物体的机械作用具有方向性。力的方向包括力的作用线在空间的方位和力沿作用线的指向。

力的作用点是力在物体上的作用位置。实际上，力总是作用在一定的面积或体积范围内，是分布力。但当作用的范围很小以至可以忽略其大小时，就可近似地看成一个点。作用于一点上的力称为集中力。

力既有大小又有方向，因而力是矢量。它可用带箭头的直线段表示，如图1-1所示。规定用黑体字母 $F$ 表示力，而用普通字母 $F$ 表示力的大小。通过力的作用点 $A$ 并沿着力的方位的直线 $K$，称为力的作用线。

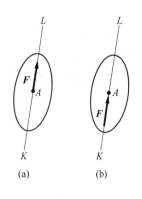

图 1-1

### 1.1.3  刚体的概念

所谓刚体是指在任何力的作用下都不发生变形的物体，或者说其内任意两点间的距离始终保持不变的物体。显然，这是一个抽象化的模型，实际上并不存在这样的物体，因为任何物体受力后都会或多或少地发生变形。然而工程实际应用中很多物体的变形都非常微小，当研究它们的平衡和运动时可对其忽略不计，从而使研究的问题大为简化。

将物体抽象为刚体是有条件的，这与所研究问题的性质有关。如果在所研究的问题中，物体的变形成为主要因素时，就不能再把物体看成是刚体，而要看成为变形体。

静力学中所研究的物体只限于刚体，因此静力学又称为刚体静力学。以后将会看到，当研究变形体的平衡问题时，也是以刚体静力学的理论为基础的。

# 学习情境 1.2  静力学公理

所谓公理，就是人们在生产和生活实践中长期积累的经验总结，是经过大量实践的检验、证明是符合客观实际的为人们所公认的普遍规律。静力学中所有定理和结论都是由以下几个基本公理推演出来的。

### 1.2.1  二力平衡公理

作用于同一刚体上的两个力使刚体保持平衡的充要条件是：这两个力大小相等，方向相反，作用在同一直线上。这一性质也称为二力平衡公理。受两个力作用处于平衡的构件称为二力构件。

### 1.2.2  加减平衡力系公理

在作用于刚体上的任一已知力系中，加上或减去任一平衡力系，并不改变原力系对刚体的效应。这一性质也称为加减平衡力系公理。

由上可得如下推论1：作用于刚体上的力可沿其作用线移动到该刚体上任一点，而不改变此力对刚体的效应。这一推论称为力的**可传性原理**。

必须指出，上面的性质只适用于刚体，不适用于变形体。例如，绳索的两端若受到大小相等、方向相反、沿同一直线的两个压力的作用，则其不会平衡［见图1-2（a）］；变形杆在平衡力系 $F_1$、$F_2$ 作用下产生拉伸变形［见图1-2（b）］，若除去这一对平衡力，则杆就不会发生变形；若将力 $F_1$、$F_2$ 分别沿作用线移到杆的另一端，则杆产生压缩变形［见图1-2（c）］。

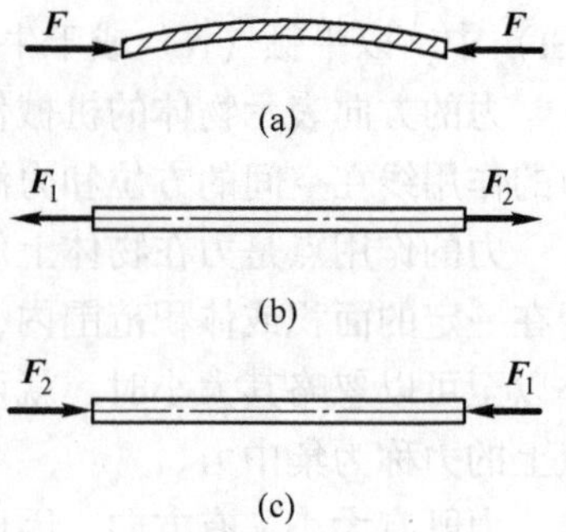

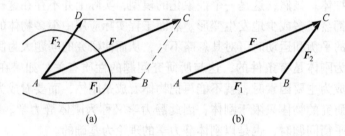

图1-2

### 1.2.3 平行四边形法则

作用于物体上同一点的两个力的合力，等于这两个力的矢量和［见图1-3（a）］，即

$$F = F_1 + F_2 \tag{1-1}$$

这一性质也称为力的平行四边形法则。有时为了方便，可由 $A$ 点做矢量 $F_1$，再由 $F_1$ 的末端 $B$ 做矢量 $F_2$，则矢量 $AC$ 即为合力 $F$［见图1-3（b）］。这种求合力的方法称为力的三角形法则。

图1-3

**推论2：三力平衡汇交定理**  如果物体在三个互不平行的共面力作用下处于平衡状态，则这三个力的作用线必定汇交于一点。

若物体受三个互不平行的共面力作用而平衡，则只要知道两个力的方向，可根据三力平衡汇交定理确定第三个力的方向。

### 1.2.4 作用与反作用定律

两物体间相互作用的力，总是大小相等、方向相反、沿同一直线，分别作用于该两物体上。这一性质称为作用与反作用定律。

# 学习情境1.3 力矩与力偶矩

### 1.3.1 力矩的概念

用扳手拧紧螺母时，作用于扳手上的力 $F$ 使扳手绕 $O$ 点转动（见图1-4），其转动效应不仅与力的大小和方向有关，而且与 $O$ 点到力作用线的距离 $d$ 有关。把乘积 $Fd$ 冠以适当的正负号，称为力 $F$ 对 $O$ 点之矩，简称力矩，它是力 $F$ 使物体绕 $O$ 点转动效应的度量，

用 $M_O(F)$（或在不致产生误解的情况下简写成 $M_O$）表示，即

$$M_O(F) = \pm Fd \qquad (1\text{-}2a)$$

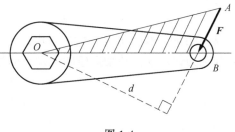

图 1-4

$O$ 点称为矩心，$d$ 称为力臂。式中的正负号用来区别力 $F$ 使物体绕 $O$ 点转动的方向，并规定：力 $F$ 使物体绕 $O$ 点逆时针转动时为正，反之为负。

由图 1-4 可知，力 $F$ 对 $O$ 点的矩也可用 $\triangle OAB$ 面积的 2 倍来表示，即

$$M_O(F) = \pm 2A_{\triangle OAB} \qquad (1\text{-}2b)$$

力矩在下列两种情况下等于零：力等于零或力的作用线通过矩心。

力矩的单位为 N·m 或 kN·m。

### 1.3.2 合力矩定理

设力 $F_1$、$F_2$ 作用于物体上 $A$ 点，其合力为 $F_R$（见图 1-5）。任取一点 $O$ 为矩心，作 $x$ 轴垂直于 $OA$，并过各力矢端 $B$、$C$、$D$ 作 $x$ 轴的垂线，设垂足分别为 $b$、$c$、$d$。各力对 $O$ 点的矩分别为：

$$M_O(F_1) = \pm 2A_{\triangle OAB} = -OA \cdot Ob$$
$$M_O(F_2) = \pm 2A_{\triangle OAC} = -OA \cdot Oc$$
$$M_O(F_R) = \pm 2A_{\triangle OAD} = -OA \cdot Od$$

因为 $\qquad Od = Ob + Oc$

所以 $\qquad M_O(F_R) = M_O(F_1) + M_O(F_2)$

一般地，若在 $A$ 点作用有 $n$ 个力，则有：

$$M_O(F_R) = M_O(F_1) + M_O(F_2) + \cdots + M_O(F_n) = \sum M_O(F_i) \qquad (1\text{-}3)$$

即合力对平面上任一点之矩等于各分力对同一点之矩的代数和。这就是合力矩定理。对于有合力的其他力系，合力矩定理同样成立。

### 1.3.3 力偶的概念

在日常生活和工程中，经常会遇到物体受大小相等、方向相反、作用线互相平行的两个力作用的情形。例如，汽车司机用双手转动方向盘，钳工用丝锥攻螺纹等。实践证明，这样的两个力 $F$、$F'$ 对物体只产生转动效应，而不产生移动效应。人们把这两个力称为力偶，用符号（$F$，$F'$）表示。

力偶所在的平面称为力偶的作用面，力偶的两个力作用线间的距离称为力偶臂。

在力偶作用面内任取一点 $O$ 为矩心（见图 1-6），设点 $O$ 与力 $F$ 的距离为 $x$，力偶臂为 $d$，则力偶的两个力对

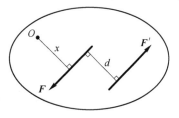

图 1-6

$O$ 点之矩的和为：

$$M_O(F) + M_O(F') = -F \cdot x + F'(x + d) = F \cdot d$$

这一结果与 $O$ 点的位置无关。因此，将力偶的力 $F$ 与力偶臂 $d$ 的乘积冠以适当的正负号作为力偶对物体转动效应的度量，称为力偶矩，用 $M$ 表示，即

$$M = \pm Fd \qquad\qquad (1\text{-}4)$$

式中的正负号规定为：力偶的转向是逆时针时为正，反之为负。

力偶矩的单位与力矩的单位相同。

实践表明，力偶对物体的转动效应决定于力偶矩的大小、转向和力偶作用面的方位，这三者称为力偶的三要素。

### 1.3.4　力偶的性质

力偶作为一种特殊力系，具有如下独特的性质：

（1）力偶对物体不产生移动效应，因此力偶没有合力。一个力偶既不能与一个力等效，也不能和一个力平衡。力与力偶是表示物体间相互机械作用的两个基本元素。

（2）作用于刚体的同一平面内的两个力偶等效的充要条件是力偶矩彼此相等。

（3）只要力偶矩保持不变，力偶可在其作用面内任意搬移，或者可以同时改变力偶中的力的大小和力偶臂的长短，力偶对刚体的效应不变。

根据这一性质，力偶除了用其力和力偶臂表示外［见图 1-7（a）］，也可以用力偶矩表示［见图 1-7（b）、（c）］，图中箭头表示力偶矩的转向，$M$ 表示力偶矩的大小。

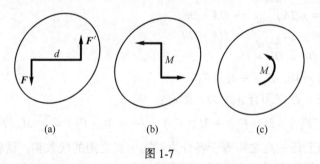

（a）　　　　　　　　　　（b）　　　　　　　　　　（c）

图 1-7

### 1.3.5　平面力偶系的合成

设在刚体某平面内作用有两个力偶 $M_1$ 和 $M_2$ ［见图 1-8（a）］，任选一线段 $AB = d$ 作为公共力偶臂，将力偶 $M_1$、$M_2$ 搬移，并把力偶中的力分别改变为［见图 1-8（b）］：

$$F_1 = F_1' = \frac{M_1}{d}, \ F_2 = F_2' = -\frac{M_2}{d}$$

根据性质（3），图 1-8（a）与图 1-8（b）是等效的。于是，力偶 $M_1$ 与 $M_2$ 可合成为一个合力偶［见图 1-8（c）］，其矩为：

$$M = F_R d = (F_1 - F_2)d = M_1 + M_2$$

若有 $n$ 个力偶作用于物体的某一平面内，这种力系称为平面力偶系。采用上面的方法合成，可得一合力偶，合力偶的矩等于各分力偶矩的代数和，即

$$M = M_1 + M_2 + \cdots + M_n = \sum M_i \qquad\qquad (1\text{-}5)$$

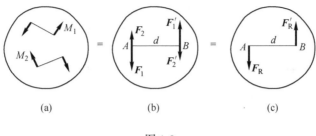

图 1-8

# 学习情境 1.4　约束与约束力

## 1.4.1　约束与约束力的概念

在空间可做任意运动的物体称为自由体，例如在空中飞行的飞机、火箭。如果物体受到某种限制，在某些方向不能运动，那么这样的物体称为非自由体。例如放在桌面上的书，它受到桌面的限制不能向下运动。阻碍物体运动的限制条件称为约束。通常，限制条件由非自由体周围的其他物体构成，因而也将阻碍非自由体运动的周围物体称为约束。上述的桌面就是书的约束。

约束必然对物体作用一定的力以阻碍物体运动，这种力称为约束力或约束反力，简称反力。约束力总是作用在约束与物体的接触处，其方向总是与约束所能限制的运动方向相反。

能主动地使物体运动或有运动趋势的力，称为主动力或载荷（亦称为荷载），例如重力、水压力、切削力等。物体所受的主动力一般是已知的，而约束力是由主动力的作用而引起的，它是未知的。因此，对约束力的分析就成为十分重要的问题。

## 1.4.2　工程中常见的约束与约束力

### 1.4.2.1　柔索

绳索、带、链条等柔性物体构成柔索约束。这种约束只能限制物体沿着柔索伸长的方向运动，而不能限制其他方向的运动。因此，柔索约束力的方向沿着它的中心线且背离物体，即为拉力（见图 1-9）。

### 1.4.2.2　光滑接触面

如果两个物体接触面之间的摩擦力很小，可忽略不计，就构成光滑面约束。这种约束只能限制物体沿着接触点处的公法线朝接触面方向运动，而不能限制其他方向的运动。因此，光滑接触面约束力的方向沿接触面在接触点处的公法线，且指向物体，即为压力（见图 1-10）。这种约束力也称为法向反力。

### 1.4.2.3　光滑铰链

在两个构件上各钻有同样大小的圆孔，并用圆柱形销钉连接起来［见图 1-11（a）］。

如果销钉和圆孔是光滑的，那么销钉只限制两构件在垂直于销钉轴线的平面内相对移动，而不限制两构件绕销钉轴线的相对转动。这样的约束称为光滑铰链，简称铰链或铰。图1-11（b）是它的简化表示。

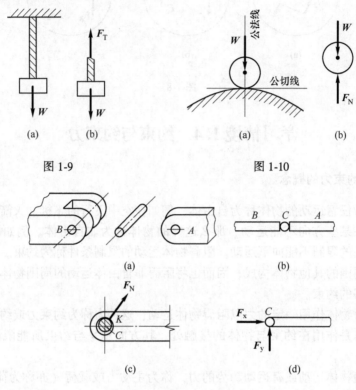

图 1-9　　　　　　　　　　　　　　　　图 1-10

图 1-11

当两个构件有沿销钉径向相对移动的趋势时，销钉与构件以光滑圆柱面接触，因此销钉给构件的约束力 $F_N$ 沿接触点 $K$ 的公法线方向，指向构件且通过圆孔中心［见图 1-11（c）］。由于接触点 $K$ 一般不能预先确定，因此约束力 $F_N$ 的方向也不能预先确定。因此，铰链约束力作用在垂直于销钉轴线的平面内，通过圆孔中心，方向由系统的构造与受力状况确定（以下简称方向待定）。这种约束力通常用两个正交分力 $F_x$ 和 $F_y$ 来表示［见图1-11（d）］，两分力的指向是假定的。

### 1.4.2.4　固定铰支座

用铰链连接的两个构件中，如果其中一个构件是固定在基础上的支座或静止机架上的支座［见图 1-12（a）］，则这种约束称为固定铰支座，简称铰支座。图 1-12（b）~（e）是它的几种简化表示。固定铰支座约束力与铰链的情形相同［见图 1-12（f）］。

### 1.4.2.5　活动铰支座

如果在支座与支撑面之间装上几个滚子，使支座可沿支撑面移动，就称为活动铰支座，也称为辊轴支座［见图 1-13（a）］。图 1-13（b）~（d）是它的几种简化表示。如果支撑面是光滑的，这种支座不限制构件沿支撑面移动和绕销钉轴线的转动，只限制构件沿

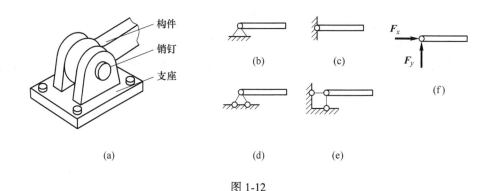

图 1-12

支撑面法线方向向支撑面的移动。因此，
活动铰支座约束力垂直于支撑面，通过铰
链中心，指向待定［见图 1-13 （e）］。

### 1.4.2.6　固定端

若静止的物体与构件的一端紧密相
连，使其既不能移动也不能转动，则构件
所受的约束称为固定端约束。例如，房屋
建筑中墙壁对雨罩或阳台的约束［见图

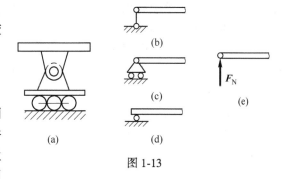

图 1-13

1-14 （a）］，即为固定端约束。固定端约束力为一个方向待定的力和一个转向待定的力
偶。图 1-14 （b）、（c） 分别为固定端约束的简化表示和约束力表示。

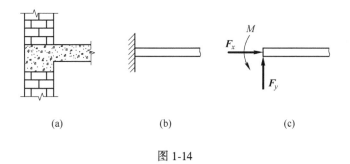

图 1-14

# 学习情境 1.5　受力分析与受力图

当一个给定的非自由体受到主动力作用时，在它与约束相接触的地方将有约束反力作
用。取给定物体作为研究对象进行分析时，必须将其从周围的物体（约束）中分离出来，
即将约束解除，而以相应的约束反力来代替约束的作用，这就是解除约束原理。

解除约束后的物体，称为分离体。作用在分离体上的力一般有两种，即主动力和约束
反力。将分离体视为受力体，在受力体上画上主动力和周围物体对它的约束反力，就可得
到分离体的受力图。

确定研究对象，取分离体，分析其受力情况并画受力图，这一全过程总称为"受力分析"。其关键在于分析约束反力，一般可根据以下原则分析和判断约束反力：

（1）约束的性质，即根据上一节所述的各类型约束的性质确定相应的约束反力；

（2）平衡条件，即画受力图时应用平衡条件来确定约束反力的作用线，如二力构件、三力平衡汇交定理等；

（3）作用力与反作用力，即两物体间的相互作用必须符合作用力与反作用力定律。

画受力图是求解力学问题的重要一步，应当熟练地掌握它。下面举例说明。

【例 1-1】　小车连同货物共重 $W$，由绞车通过钢丝绳牵引沿斜面匀速上升［见图 1-15（a）］。不计车轮与斜面间的摩擦，试画出小车的受力图。

**解：**将小车从钢丝绳和斜面的约束中分离出来，单独画出。作用于小车上的主动力为 $W$，其作用点为重心 $C$，铅直向下。作用于小车上的约束力有：钢丝绳的约束力 $F_T$，方向沿绳的中心线且背离小车；斜面的约束力 $F_A$、$F_B$，作用于车轮与斜面的接触点，垂直于斜面且指向小车。小车的受力图如图 1-15（b）所示。

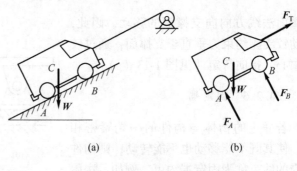

图 1-15

【例 1-2】　简单承重结构［见图 1-16（a）］中，悬挂的重物重 $W$，横梁 $AB$ 和斜杆 $CD$ 的自重不计。试分别画出斜杆 $CD$、横梁 $AB$ 及整体的受力图。

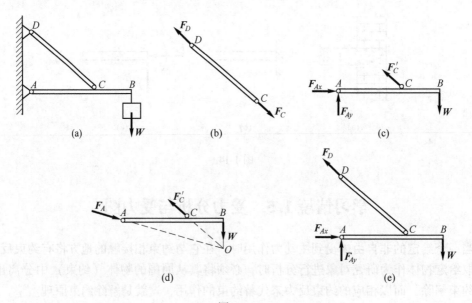

图 1-16

**解：**（1）画斜杆 $CD$ 的受力图。斜杆 $CD$ 两端均为铰链约束，约束力 $F_C$、$F_D$ 分别通过 $C$ 点和 $D$ 点。由于不计杆的自重，因此斜杆 $CD$ 为二力构件。$F_C$ 与 $F_D$ 大小相等，方向相反，沿 $C$、$D$ 两点连线。本题可判定 $F_C$、$F_D$ 为拉力，不易判断时可假定指向。斜杆 $CD$ 的受力图如图 1-16（b）所示。

（2）画横梁 $AB$ 的受力图。横梁 $AB$ 的 $B$ 处受到主动力 $W$ 的作用。$C$ 处受到斜杆 $CD$ 的作用力 $F'_C$，$F'_C$ 与 $F_C$ 互为作用力与反作用力。$A$ 处为固定铰支座，约束力用两个正交分力 $F_{Ax}$、$F_{Ay}$ 表示，指向为假定。横梁的受力图如图 1-16（c）所示。

横梁 $AB$ 的受力图也可根据三力平衡汇交定理画出。横梁的 $A$ 处为固定铰支座，其约束力 $F_A$ 的方向未知，但由于横梁只受到三个力的作用，其中两个力 $W$、$F'_C$ 的作用线相交于 $O$ 点，因此 $F_A$ 的作用线也通过 $O$ 点，如图 1-16（d）所示。

（3）画整体的受力图。作用于整体上的力有：主动力 $W$、约束力 $F_D$ 以及 $F_{Ax}$、$F_{Ay}$ 整体的受力图如图 1-16（e）所示。

（4）讨论。本题的整体受力图上为什么不画出力 $F'_C$ 与 $F_C$ 呢？这是因为，力 $F_C$ 与 $F'_C$ 是承重结构整体内两物体之间的相互作用力，这种力称为内力。根据作用与反作用定律，内力总是成对出现的，并且大小相等、方向相反、沿同一直线，对承重结构整体来说，$F_C$、$F'_C$ 这一对内力自成平衡，不必画出。因此，在画研究对象的受力图时，只需画出外部物体对研究对象的作用力，这种力称为外力。但应注意，外力与内力不是固定不变的，它们可以随研究对象的不同而变化。例如力 $F_C$ 与 $F'_C$，若以整体为研究对象，则为内力；若以斜杆 $CD$ 或横梁 $AB$ 为研究对象，则为外力。

本题若只需画出横梁或整体的受力图，则在画 $C$ 处或 $D$ 处的约束力时，仍须先考虑斜杆的受力情况。由此可见，在画研究对象的约束力时，一般应先观察有无与二力构件有关的约束力，若有的话，先将其画出，然后再画其他的约束力。

**【例 1-3】**　组合梁 $AB$ 的 $D$、$E$ 处分别受到力 $F$ 和力偶 $M$ 的作用［见图 1-17（a）］，梁的自重不计，试分别画出整体、$BC$ 部分及 $AC$ 部分的受力图。

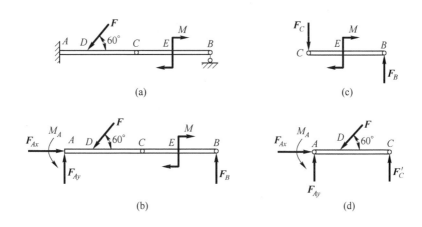

图 1-17

**解：**（1）画整体的受力图。作用于整体上的力有：主动力 $F$、$M$，约束力 $F_{Ax}$、$F_{Ay}$、$M_A$ 及 $F_B$，指向与转向均为假定。整体的受力图如图 1-17（b）所示。

（2）画 $BC$ 部分的受力图。$BC$ 部分的 $E$ 处受到主动力偶 $M$ 的作用。$B$ 处为活动铰支座，约束力 $F_B$ 垂直于支撑面；$C$ 处为铰链约束，约束力 $F_C$ 通过铰链中心。由于力偶必须与力偶相平衡，故 $F_B$ 的指向向上，$F_C$ 的方向铅直向下。$BC$ 部分的受力图如图 1-17 (c) 所示。

(3) 画 $AC$ 部分的受力图。$AC$ 部分的 $D$ 处受到主动力 $F$ 的作用。$C$ 处的约束力为 $F_C'$，$F_C'$ 与 $F_C$ 互为作用力与反作用力。$A$ 处为固定端，约束力为 $F_{Ax}$、$F_{Ay}$、$M_A$。$AC$ 部分的受力图如图 1-17 (d) 所示。

通过以上例题可以看出，为保证受力图的正确性，不能多画力、少画力和错画力。为此，应着重注意以下几点：

(1) 遵循约束的性质。凡研究对象与周围物体相连接处，都有约束力。约束力的个数和方向必须严格按约束的性质去画，当约束力的指向不能预先确定时，可以假定。

(2) 遵循力与力偶的性质。力与力偶的性质主要有二力平衡公理、三力平衡汇交定理及作用与反作用定律。若作用力的方向一经确定（或假定），则反作用力的方向必与之相反。

(3) 只画外力，不画内力。

## 思 考 题

1-1　两个大小相等的力对物体的效应是否相同，为什么？

1-2　合力是否一定比分力大，为什么？

1-3　力的三要素在刚体上如何表示？

1-4　若不计自重，图 1-18 所示结构中构件 $AC$ 是否是二力构件？若考虑自重，情况又怎样？

1-5　如图 1-19 所示，当求铰 $C$ 处的约束力时，能否将作用于点 $D$ 的力 $F$ 沿其作用线移到点 $E$，为什么？

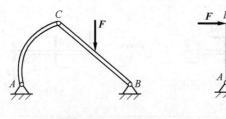

图 1-18　　　　　　　　　　　　　图 1-19

1-6　二力平衡的条件是二力等值、反向、共线，作用力与反作用力也是等值、反向、共线，请说明它们的不同之处。

1-7　图 1-20 所示结构中力 $F$ 作用于销钉 $C$ 上，试问销钉 $C$ 对杆 $AC$ 的力与销钉 $C$ 对杆 $BC$ 的力是否等值、反向、共线，为什么？

1-8　既然一个力偶不能和一个力平衡，那么图 1-21 中的轮子为什么能够平衡呢？

1-9　图 1-22 所示各梁的支座反力是否相同，为什么？

1-10　力矩和力偶矩有何不同？

1-11　试判断图 1-23 中所画受力图是否正确？若有错误，请改正。假定所有接触面都是光滑的，图中凡未标出自重的物体，自重不计。

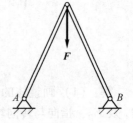

图 1-20

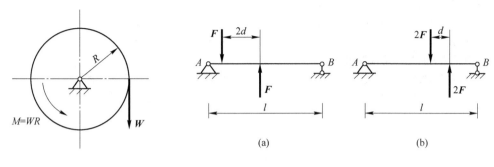

图 1-21

图 1-22

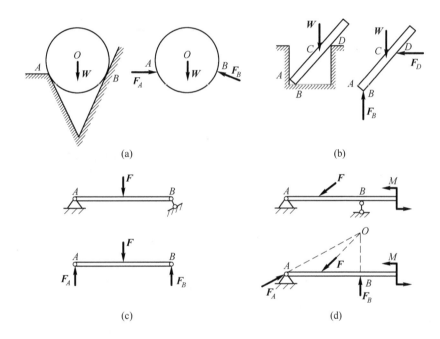

图 1-23

选 择 题

1-1　一个物体应该看作是质点、刚体还是变形体，取决于_____。

　　A. 物体本身的形状和尺寸　　B. 所研究的内容　　　C. 物体的质量　　　D. 物体的体积

1-2　下列结论中错误的是_____。

　　A. 理论力学研究物体在外力作用下的变形与平衡问题

　　B. 理论力学不考虑物体的变形，只研究其平衡与运动

　　C. 理论力学研究的问题与材料的力学性质无关

　　D. 材料力学研究的问题与材料的力学性质有关

1-3　研究物体的平衡问题，实际上就是研究作用于物体上的力系的_____。

　　A. 连续条件　　　　　　　　B. 刚度条件　　　　　　C. 平衡条件　　　　D. 变形条件

1-4 结构力学研究杆系结构组成规律的目的是_____。

    A. 保证结构各部分不致发生相对转动      B. 保证结构能承受荷载并维持平衡

    C. 验算结构的刚度      D. 验算结构的强度

1-5 下列关于杆件的结论错误的是 _____。

    A. 杆件的轴线必为直线      B. 杆件的两个主要几何因素是横截面和轴线

    C. 杆件的横截面与轴线是相互垂直的      D. 杆件的轴线是各横截面形心的连线

**习 题**

1-1 试分别计算图 1-24 所示各种情况中力对点 $O$ 之矩。

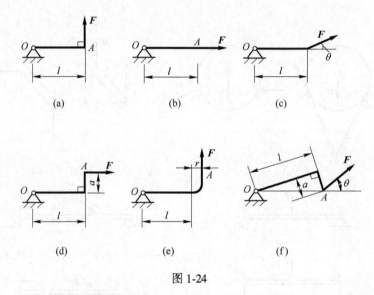

图 1-24

1-2 图 1-25 所示水平放置的矩形钢板的长 $a = 4$ m，宽 $b = 2$ m，钢板转动时，摩擦阻力等效于顺长边施加两个力 $F$ 与 $F'$，并且 $F = F' = 100$ kN。请考虑如何施加力可使所费的力最小而钢板亦能转动，并求出此最小力的值。

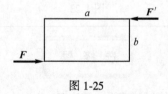

图 1-25

1-3 试分别画出图 1-26 所示物体的受力图。假定所有接触面都是光滑的，图中凡未标出自重的物体，自重不计。

1-4 试分别画出图 1-27 所示物体系中指定物体的受力图。假定所有接触面都是光滑的，图 1-27 中凡未标出自重的物体，自重不计。图 (a) 棘爪 $AB$、棘轮 $O$；图 (b) 杆 $AC$、杆 $BC$；图 (c) 杆 $AC$、杆 $BC$、整体；图 (d) 杆 $AC$、杆 $BC$、整体；图 (e) 杆 $AC$、杆 $BD$、杆 $CE$、整体；图 (f) 圆柱体 $O$、杆 $AC$、杆 $BC$；图 (g) 胶带轮 $O_1$、$O_2$；图 (h) 轮子 $O$、杆 $AB$、滑块 $B$；图 (i) 杆 $AB$、杆 $CD$、整体；图 (j) 杆 $AB$、杆 $CD$、整体。

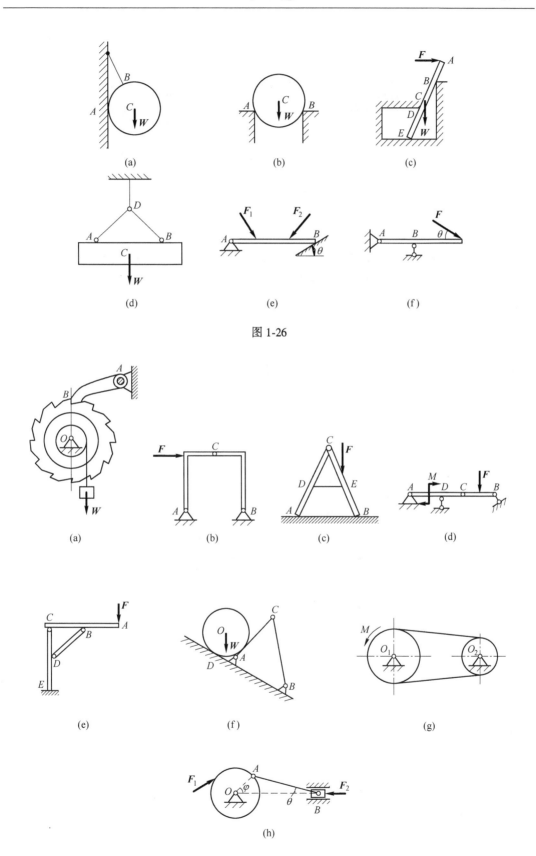

图 1-26

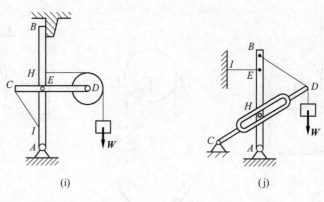

(i)　　　　　　　　　　(j)

图 1-27

1-5　油压夹紧装置如图 1-28 所示，油压力通过活塞 A、连杆 BC 和杠杆 DCE 增大对工件 I 的压力。试分别画出活塞 A、滚子 B 和杠杆 DCE 的受力图。

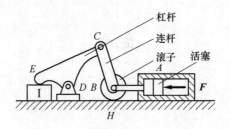

图 1-28

1-6　挖掘机的简图如图 1-29 所示。I、II、III 为液压活塞，A、B、C 处均为铰链约束。挖斗重 W，AB、BC 部分的重分别为 $W_1$、$W_2$。试分别画出挖斗、AB、BC 三部分的受力图。

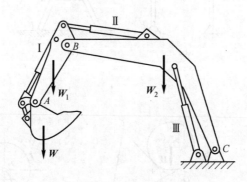

图 1-29

# 模块 2　平面力系

本模块介绍平面力系向一点简化的结果及其计算，由此得到平面力系的平衡条件和平衡方程，着重讨论平衡方程的应用和物体系平衡问题的解法，最后介绍考虑摩擦时平衡问题的解法。本模块是刚体静力分析的重点。

## 知识目标

（1）理解力在直角坐标轴上的投影和合力投影定理，掌握力系向一点简化的方法。
（2）掌握平面力系的平衡方程及平衡计算。
（3）理解存在摩擦时平衡问题的研究方法。

## 技能目标

（1）能够简化平面力系。
（2）能够运用平衡方程求出约束力的大小。
（3）会判断存在摩擦时物体是否平衡。

## 思政课堂

从本模块开始涉及的理论分析和科学运算略显复杂，但这属于工程力学的基础，我们必须掌握。哲学认为，理论在实践中产生，科学的理论可以更好地指导实践，而实践又会反作用于科学理论。1638 年，世界上第一本材料力学教材《两种新的科学》出版。该书是由大家熟知的意大利数学家、物理学家伽利略所著，书中总结了他平生在运动学和材料强度两门科学上所做的工作，并首先提出了材料的力学性质和强度的计算方法，因此，科学界以伽利略的《两种新的科学》一书，作为材料力学学科发展的历史起点。在我国古代也有有关材料力学的生产实践和应用，比起 1638 年的学科历史起点更为源远流长。早在春秋战国时期，中华民族就已经懂得了如何应用材料力学建造大型的建筑工程和水利工程。公元前 256 年，秦国蜀郡太守李冰在今天的成都平原西部的岷江上修建都江堰水利工程，都江堰水利工程包括鱼嘴分水堤、飞沙堰溢道、宝瓶口进水口三大主体，以及百丈堤、人字堤等附属工程。工程的设计构思与现有流体力学理论十分吻合，非常科学地解决了江水自动分流、自动排沙、控制进水流量等问题，并且从建成至今仍发挥着巨大的作用，被赞为中国水利工程史上的伟大奇迹、世界水利工程的璀璨明珠。都江堰水利工程，体现了中华民族的勤劳与智慧。

20 世纪初期，我国先进知识分子发起的新文化运动，喊出了"民主"与"科学"两大口号，主张提倡民主和科学，反对封建专制和迷信；提倡个性解放，反对封建礼教；提倡新文学，反对旧文学，实行文学革命。在民主与科学精神指引下，新文化运动掀起了中国近代史上一场空前的思想解放运动，为马克思主义的传播和中国共产党的成立，创造了有利的思想条件。在庆祝中国共产党成立 100 周年大会上，习近平总书记指出：一百年前，中华民族呈现在世界面前的是一派衰败凋零的景象。今天，中华民族向世界展现的是一派欣欣向荣的气象，正以不可阻挡的步伐迈向伟大复兴。党的二十大报告指出，加快实施创新驱动发展战略，加快实现高水平科技自立自强，以国家战略需求为导向，积聚力量进行原创性引领性科技攻关，坚决打赢关键核心技术攻坚战，加快实施一批具有战略性、全局性、前瞻性的国家重大科技项目，增强自主创新能力；加强基础学科、新兴学科、交叉学科建设，加快建设中国特色、世界一流的大学和优势学科；加强基础研究，突出原创，鼓励自由探索。

　　我们学技术更要学理论，会应用也要知原理，这样才能厚积薄发。同学们要心系"国家事"、肩扛"国家责"，为全面建设社会主义现代化国家、实现中华民族伟大复兴积极贡献智慧和力量。

## 相关知识

# 学习情境 2.1　平面力系的简化

　　如果作用于物体上各力的作用线都在同一平面内，则这种力系称为平面力系。例如，屋架受到屋面自重和积雪等重力载荷 $W$、风力 $F$ 以及支座反力 $F_{Ax}$、$F_{Ay}$、$F_B$ 的作用，这些力的作用线在同一平面内，组成一个平面力系（见图 2-1）。又如曲柄连杆机构上受到转矩 $M$、阻力 $F$ 以及约束力 $F_{Ox}$、$F_{Oy}$、$F_B$ 的作用，这些力显然也组成一个平面力系（见图 2-2）。有时物体本身及作用于其上的各力都对称于某一平面，则作用于物体上的力系可简化为该对称平面内的平面力系。例如水坝 [见图 2-3（a）]，通常取单位长度的坝段进行受力分析，并将坝段所受的力简化为作用于坝段中央平面内的一个平面力系 [见图2-3（b）]。

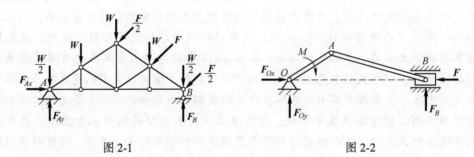

图 2-1　　　　　　　　　　　　　　　　　　图 2-2

## 2.1.1　力的平移定理

　　平面力系向一点简化的理论基础是力的平移定理。

　　设在刚体上 $A$ 点作用一个力 $F$，现要将它平行移动到刚体内任一点 $O$ [见图 2-4（a）]，而不改变它对刚体的效应。为此，可在 $O$ 点加上一对平衡力 $F'$ 和 $F''$ 并使它们的作用线与力 $F$ 的作用线平行，且 $F'=F''=F$ [见图 2-4（b）]。根据加减平衡力系公理，三个

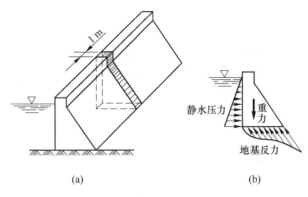

图 2-3

力 $F$、$F'$、$F''$ 与原力 $F$ 对刚体的效应相同。力 $F$、$F''$ 组成一个力偶 $M$，其力偶矩等于原力 $F$ 对 $O$ 点之矩，即

$$M = Fd$$

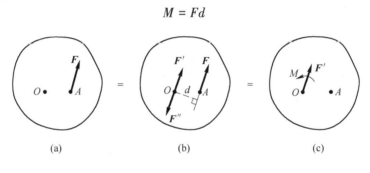

图 2-4

这样，就把作用于 $A$ 点的力 $F$ 平行移动到了任一点 $O$，但同时必须加上一个相应的力偶，该力偶就称为附加力偶〔见图 2-4（c）〕。由此得到力的平移定理：作用于刚体上的力可以平行移动到刚体内任一指定点，但必须同时附加一个力偶，此附加力偶的矩等于原力对指定点之矩。

根据力的平移定理，也可以将同一平面内的一个力和一个力偶合成为一个力，合成的过程就是图 2-4 的逆过程。

力的平移定理不仅是力系向一点简化的理论依据，而且也是分析力对物体作用效应的一个重要方法。例如，在设计厂房的柱子时，通常都要将作用于牛腿上的力 $F$〔见图 2-5（a）〕平移到柱子的轴线上〔见图 2-5（b）〕，可以看出，轴向力 $F'$ 使柱产生压缩，而力偶矩 $M$ 将使柱弯曲。又如将作用于齿轮上的力 $F$〔见图 2-6（a）〕向轴心 $O$ 点平移〔见图 2-6（b）〕，可知力 $F'$ 将使轴弯曲，而力偶矩 $M$ 则使轴产生扭转。

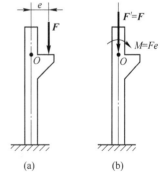

图 2-5

### 2.1.2　平面力系向一点的简化

设在物体上作用一个平面力系 $F_1$、$F_2$、$\cdots$、$F_n$，各力的作用点分别为 $A_1$、$A_2$、$\cdots$、

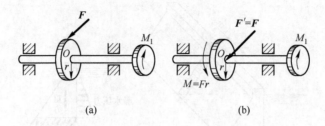

图 2-6

$A_n$［见图 2-7（a）］。为了分析此力系对物体的作用效应，在物体内任选一点 $O$，称点 $O$ 为简化中心，利用力的平移定理，将各力平移到 $O$ 点，得到一个作用于 $O$ 点的平面汇交力系 $F_1'$、$F_2'$、…、$F_n'$ 和一个附加的平面力偶系 $M_{O1}$、$M_{O2}$、…、$M_{On}$［见图 2-7（b）］，这些附加力偶的矩分别等于原力系中的力对 $O$ 点之矩，即

$$M_{O1} = M_O(F_1),\ M_{O2} = M_O(F_2),\ \cdots,\ M_{On} = M_O(F_n)$$

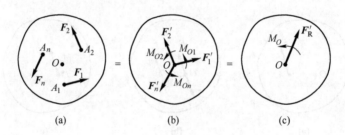

图 2-7

平面汇交力系 $F_1'$、$F_2'$、…、$F_n'$ 可合成为一个力 $F_R'$ 即

$$F_R' = F_1' + F_2' + \cdots + F_n'$$

因

$$F_1 = F_1',\ F_2 = F_2',\ \cdots,\ F_n = F_n'$$

故

$$F_R' = F_1 + F_2 + \cdots + F_n = \sum F_i \tag{2-1}$$

平面力偶系 $M_{O1}$、$M_{O2}$、…、$M_{On}$ 可合成为一个力偶，这个力偶的矩 $M_O$ 为：

$$M_O = M_{O1} + M_{O2} + \cdots + M_{On} = \sum M_i \tag{2-2}$$

因此，原力系就简化为作用于 $O$ 点的一个力和一个力偶［见图 2-7（c）］，力 $F_R'$ 等于原力系中各力的矢量和，称为原力系的主矢；力偶矩 $M_O$ 等于原力系中各力对简化中心之矩的代数和，称为原力系对简化中心 $O$ 的主矩。

如果选取的简化中心不同，由式（2-1）和式（2-2）可见，主矢不会改变，故它与简化中心的位置无关；但力系中各力对不同简化中心的矩一般是不相等的，因而主矩一般与简化中心的位置有关。

### 2.1.3　力在坐标轴上的投影

在力 $F$ 作用的平面内建立直角坐标系 $Oxy$（见图 2-8）。由力 $F$ 的起点 $A$ 和终点 $B$ 分

别作 $x$ 轴的垂线，垂足分别为 $a_l$、$b_l$，线段 $a_l b_l$ 冠以适当的正负号称为力 $F$ 在 $x$ 轴上的投影，用 $F_x$ 表示，即

$$F_x = \pm a_l b_l$$

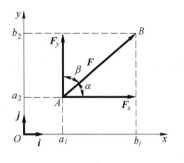

图 2-8

投影的正负号规定如下：若从 $a_l$ 到 $b_l$ 的方向与 $x$ 轴正向一致，则取正号；反之则取负号。同样，力 $F$ 在 $y$ 轴上的投影 $F_y$ 为：

$$F_y = \pm a_2 b_2$$

力在坐标轴上的投影是代数量。

设力 $F$ 与 $x$、$y$ 轴正向的夹角分别为 $\alpha$、$\beta$，由图 2-8 可得：

$$\left. \begin{array}{l} F_x = F\cos\alpha \\ F_y = F\cos\beta \end{array} \right\} \tag{2-3}$$

即力在某轴上的投影等于力的大小乘以力与该轴正向夹角的余弦。当 $\alpha$、$\beta$ 为钝角时，为了计算简便，往往先根据力与某轴所夹的锐角来计算力在该轴上投影的绝对值，再由观察来确定投影的正负号。

利用力的平行四边形法则，将力 $F$ 沿 $x$、$y$ 轴方向分解为两个分力 $\boldsymbol{F_x}$ 和 $\boldsymbol{F_y}$。设 $x$、$y$ 轴的单位矢量分别为 $\boldsymbol{i}$、$\boldsymbol{j}$，由图 2-8 可得：

$$\boldsymbol{F_x} = F_x \boldsymbol{i}, \quad \boldsymbol{F_y} = F_y \boldsymbol{j}$$

因此，力 $F$ 沿直角坐标轴的分解式为：

$$\boldsymbol{F} = \boldsymbol{F_x} + \boldsymbol{F_y} = F_x \boldsymbol{i} + F_y \boldsymbol{j} \tag{2-4}$$

若已知力 $F$ 在坐标轴上的投影为 $F_x$、$F_y$，则由图 2-8 可求出力 $F$ 的大小和方向分别为：

$$\left. \begin{array}{l} F = \sqrt{F_x^2 + F_y^2} \\ \tan\alpha = \dfrac{F_y}{F_x} \end{array} \right\} \tag{2-5}$$

### 2.1.4　主矢和主矩的计算

设主矢 $F_R'$ 在 $x$、$y$ 轴上的投影为 $F_{Rx}'$、$F_{Ry}'$，力系中各力 $F_i (i = 1, 2, \cdots, n)$ 在 $x$、$y$ 轴上的投影为 $F_{ix}$、$F_{iy}$。利用式（2-4），分别计算式（2-1）等号的左边和右边，可得：

$$\boldsymbol{F_R'} = F_{Rx}' \boldsymbol{i} + F_{Ry}' \boldsymbol{j}$$

以及

$$\boldsymbol{F_1} + \boldsymbol{F_2} + \cdots + \boldsymbol{F_n} = (F_{1x}\boldsymbol{i} + F_{1y}\boldsymbol{j}) + (F_{2x}\boldsymbol{i} + F_{2y}\boldsymbol{j}) + \cdots + (F_{nx}\boldsymbol{i} + F_{ny}\boldsymbol{j})$$

$$= (\boldsymbol{F_{1x}} + \boldsymbol{F_{2x}} + \cdots + \boldsymbol{F_{nx}})\boldsymbol{i} + (F_{1y} + F_{2y} + \cdots + F_{ny})\boldsymbol{j}$$

$$= (\sum F_{ix})\boldsymbol{i} + (\sum F_{iy})\boldsymbol{j}$$

比较后得到：

$$F'_{Rx} = \sum F_{ix}, \quad F'_{Ry} = \sum F_{iy} \tag{2-6}$$

即主矢在某坐标轴上的投影，等于力系中各力在同一轴上投影的代数和。求得主矢在坐标轴上的投影后，再利用式（2-5），求出主矢的大小和方向分别为：

$$\left.\begin{array}{l} F'_R = \sqrt{F'^2_{Rx} + F'^2_{Ry}} = \sqrt{\left(\sum F_{ix}\right)^2 + \left(\sum F_{iy}\right)^2} \\[3mm] \tan\alpha = \dfrac{F'_{Ry}}{F'_{Rx}} \end{array}\right\} \tag{2-7}$$

至于主矩可直接利用式（2-2）进行计算。

### 2.1.5　简化结果的讨论

平面力系向一点的简化结果，一般可得到一个力和一个力偶，而其最终结果为以下三种可能的情况：

（1）力系可简化为一个合力偶。当 $F'_R = 0$、$M_O \neq 0$ 时，力系与一个力偶等效，即力系可简化为一个合力偶。合力偶矩等于主矩。此时，主矩与简化中心的位置无关。

（2）力系可简化为一个合力。当 $F'_R \neq 0$、$M_O = 0$ 时，力系与一个力等效，即力系可简化为一个合力。合力的大小、方向与主矢相同，合力的作用线通过简化中心。当 $F'_R \neq 0$、$M_O \neq 0$ 时，根据力的平移定理逆过程，可将 $F'_R$ 和 $M_O$ 简化为一个合力（见图2-4）。合力的大小、方向与主矢相同，合力作用线不通过简化中心。

（3）力系处于平衡状态。当 $F'_R = 0$、$M_O = 0$ 时，力系为平衡力系。

【例2-1】　有一小型砌石坝，取 1 m 长的坝段来考虑，将坝所受的重力和静水压力简化到中央平面内，得到力 $W_1$、$W_2$ 和 $F$（见图2-9）。已知 $W_1 = 600$ kN，$W_2 = 300$ kN，$F = 350$ kN。求此力系分别向 $O$ 点和 $A$ 点简化的结果。如能进一步简化为一个合力，再求合力作用线的位置。

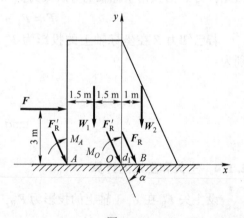

图 2-9

解：（1）力系向 $O$ 点简化。力系的主矢 $F'_R$ 在 $x$、$y$ 轴上的投影分别为：

$$F'_{Rx} = \sum F_{ix} = F = 350 \text{ kN}$$

$$F'_{Ry} = \sum F_{iy} = -W_1 - W_2 = -900 \text{ kN}$$

由式（2-7），主矢的大小和方向分别为：

$$F'_R = \sqrt{F'^2_{Rx} + F'^2_{Ry}} = 965.7 \text{ kN}$$

$$\tan\alpha = \frac{F'_{Ry}}{F'_{Rx}} = -2.571, \quad \alpha = -68.75°$$

因 $F'_{Rx}$ 为正，$F'_{Ry}$ 为负，故主矢 $F'_R$ 的指向如图2-9所示。

由式（2-2），力系的主矩为：

$$M_O = \sum M_{Oi} = -F \times (3 \text{ m}) + W_1 \times (1.5 \text{ m}) - W_2 \times (1 \text{ m}) = -450 \text{ kN·m}$$

负号表示主矩 $M_O$ 顺时针转向。

根据力的平移定理, 本问题中主矢 $F_R'$ 与主矩 $M_O$ 还可进一步简化为一个合力 $F_R$, 其大小、方向与主矢 $F_R'$ 相同。设合力 $F_R$ 的作用线与 $x$ 轴的交点 $B$ 到 $O$ 点的距离为 $d_1$, 由合力矩定理, 有:

$$|F_R \cdot d_1 \sin\alpha| = |M_O|$$

因 $|F_{R_1}\sin\alpha| = |F_{Ry}'|$, 故

$$d_1 = \frac{|M_O|}{|F_{Ry}'|} = 0.5 \text{ m}$$

（2）力系向 $A$ 点简化。主矢 $F_R'$ 与上面的计算结果相同。主矩为:

$$M_A = \sum M_{Ai} = -F \times (3 \text{ m}) - W_1 \times (1.5 \text{ m}) - W_2 \times (4 \text{ m}) = -3150 \text{ kN} \cdot \text{m}$$

转向如图 2-9 所示。最后可简化为一个合力, 合力作用线与 $x$ 轴的交点到 $A$ 点的距离为:

$$d_2 = \frac{|M_A|}{|F_{Ry}'|} = 3.5 \text{ m}$$

显然, 合力作用线仍通过 $B$ 点。

由上面的例题可见, 力系无论向哪一点简化, 其最终简化结果总是相同的。这是因为一个给定的力系对物体的效应是唯一的, 不会因计算途径的不同而改变。

# 学习情境 2.2　平衡方程及其应用

## 2.2.1　平衡条件和平衡方程

如果平面力系向任一点简化后主矢和主矩都等于零, 则该力系为平衡力系。反之, 要使平面力系平衡, 主矢和主矩都必须等于零, 否则该力系将最终简化为一个力或一个力偶。因此, 平面力系平衡的必要和充分条件是力系的主矢和力系对任一点的主矩都等于零, 即

$$\left.\begin{array}{l} F_R' = 0 \\ M_O = 0 \end{array}\right\} \tag{2-8}$$

根据式（2-2）和式（2-7）, 上面的平衡条件可用下面的解析式表示:

$$\left.\begin{array}{l} \sum F_x = 0 \\ \sum F_y = 0 \\ \sum M_O = 0 \end{array}\right\} \tag{2-9}$$

为书写方便, 已将式（2-9）中的下标 $i$ 略去。式（2-9）称为平面力系的平衡方程。其中前两式称为投影方程, 它表示力系中所有各力在两个坐标轴上投影的代数和分别等于零; 后一式称为力矩方程, 它表示力系中所有各力对任一点之矩的代数和等于零。

【例 2-2】　梁 $AB$ 的 $A$ 端为固定铰支座, $B$ 端为活动铰支座［见图 2-10（a）］, 梁上受集中力 $F$ 与力偶 $M$ 的作用。已知 $F = 10$ kN, $M = 2$ kN·m, $a = 1$ m, 求支座 $A$、$B$ 处的反力。

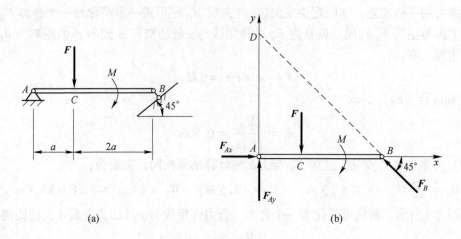

图 2-10

**解：**（1）选取研究对象。由于已知力和待求力都作用于梁 *AB* 上，因此选取梁 *AB* 为研究对象。

（2）画受力图。梁 *AB* 的受力图如图 2-10（b）所示。作用于梁上的力有载荷 $F$、$M$，支座反力 $F_{Ax}$、$F_{Ay}$、$F_B$，指向假定。这些力组成一个平面力系。

（3）列平衡方程。建立坐标系 *Axy*［见图 2-10（b）］，列出平衡方程：

$$\sum F_x = 0, \quad F_{Ax} - F_B \cos 45° = 0 \tag{a}$$

$$\sum F_y = 0, \quad F_{Ay} - F + F_B \sin 45° = 0 \tag{b}$$

$$\sum M_A = 0, \quad -Fa - M + F_B \sin 45° \times 3a = 0 \tag{c}$$

由于力偶中的两个力在同一轴上投影的代数和等于零，因此在写投影方程时不必考虑力偶。式（c）是以 *A* 点为矩心的力矩方程，式中计算力 $F_B$ 对 *A* 点之矩时，是将力 $F_B$ 分解为两个分力，然后利用合力矩定理进行计算。

（4）解方程。由式（c）得：

$$F_B = \frac{Fa + M}{3a\sin 45°} = 5.66 \text{ kN}$$

分别代入式（a）、式（b）得：

$$F_{Ax} = F_B \cos 45° = 4 \text{ kN}$$

$$F_{Ay} = F - F_B \sin 45° = 6 \text{ kN}$$

$F_{Ax}$、$F_{Ay}$ 和 $F_B$ 均为正值，表示力的指向与假定的指向相同（若为负值，则表示力的指向与假定的指向相反）。

（5）讨论。本题若写出对 *A*、*B* 两点的力矩方程和对 *x* 轴的投影方程，则同样可求解。即由

$$\sum F_x = 0, \quad F_{Ax} - F_B \cos 45° = 0$$

$$\sum M_A = 0, \quad -Fa - M + F_B \sin 45° \times 3a = 0$$

$$\sum M_B = 0, \quad -F_{Ay} \times 3a + F \times 2 - M = 0$$

解得：

$$F_{Ax} = 4 \text{ kN}, \quad F_{Ay} = 6 \text{ kN}, \quad F_B = 5.66 \text{ kN}$$

若写出对 $A$、$B$、$D$ 三点［见图 2-10（b）］的力矩方程：

$$\sum M_A = 0, \quad -Fa - M + F_B \sin 45° \times 3a = 0$$

$$\sum M_B = 0, \quad -F_{Ay} \times 3a + F \times 2 - M = 0$$

$$\sum M_D = 0, \quad F_{Ax} \times 3a - Fa - M = 0$$

则也可得到同样的结果。

由上面例题的讨论可知，平面力系的平衡方程除了式（2-9）所示的基本形式外，还有二力矩形式和三力矩形式，其形式如下：

$$\left. \begin{array}{l} \sum F_x = 0 \left( \sum F_y = 0 \right) \\ \quad \sum M_A = 0 \\ \quad \sum M_B = 0 \end{array} \right\} \tag{2-10}$$

其中 $A$、$B$ 两点的连线不能与 $x$ 轴（或 $y$ 轴）垂直。

$$\left. \begin{array}{l} \sum M_A = 0 \\ \sum M_B = 0 \\ \sum M_C = 0 \end{array} \right\} \tag{2-11}$$

其中 $A$、$B$、$C$ 三点不能共线。

在应用二力矩形式或三力矩形式时，必须满足其限制条件，否则所列三个平衡方程将不都是独立的。读者不妨就例 2-2 试一试。

由上面的例题可看出，求解平面力系平衡问题的步骤如下：

（1）选取研究对象。根据问题的已知条件和待求量，选择合适的研究对象。

（2）画受力图。画出所有作用于研究对象上的力。

（3）列平衡方程。适当选取投影轴和矩心，列出平衡方程。

（4）解方程。

在列平衡方程时，为使计算简单，通常尽可能选取与力系中多数未知力的作用线平行或垂直的投影轴，矩心选在两个未知力的交点上；尽可能多应用力矩方程，并使一个方程中只包含一个未知数。但是应注意，不管使用哪种形式的平衡方程，对于同一个平面力系来说，最多只能列出三个独立的平衡方程，因而只能求解三个未知量。任何第四个方程都不会是独立的，但可以利用它来校核计算的结果。

## 2.2.2　平面力系的几个特殊情形

### 2.2.2.1　平面汇交力系

对于平面汇交力系，式（2-9）中的力矩方程自然满足，因而其平衡方程为：

$$\left. \begin{array}{l} \sum F_x = 0 \\ \sum F_y = 0 \end{array} \right\} \tag{2-12}$$

平面汇交力系只有两个独立的平衡方程，只能求解两个未知量。

**【例 2-3】**　起重架可借绕过滑轮 $A$ 的绳索将重 $W = 20$ kN 的重物吊起，滑轮 $A$ 用 $AB$ 及 $AC$ 两杆支撑［见图 2-11（a）］。设两杆的自重及滑轮 $A$ 的大小、自重均不计，求杆 $AB$、$AC$ 的受力。

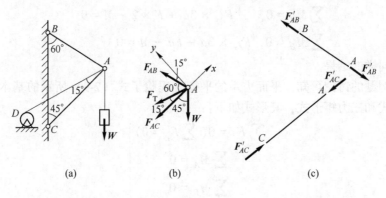

（a）　　　　　　　　（b）　　　　　　　　（c）

图 2-11

**解**：如将杆 $AB$、$AC$ 作用于滑轮 $A$ 的力求出，则两杆所受的力即可求出（互为作用力与反作用力）。因为重物的重力与绳索的拉力均作用于滑轮上，所以取滑轮 $A$ 为研究对象。

画出滑轮 $A$ 的受力图［见图 2-11（b）］。其中杆 $AB$、$AC$ 作用于滑轮的力 $F_{AB}$、$F_{AC}$ 分别沿杆的轴线，指向假定；绳索的拉力 $F_T = W = 20$ kN。因不计滑轮 $A$ 的大小，故诸力组成一个平面汇交力系。

建立坐标系 $Axy$［见图 2-11（b）］，列出平衡方程：

$$\sum F_x = 0, \quad -W\cos 45° - F_{AC} - F_T\cos 15° - F_{AB}\cos 75° = 0 \qquad (a)$$

$$\sum F_y = 0, \quad -W\sin 45° + F_T\sin 15° + F_{AB}\sin 75° = 0 \qquad (b)$$

由式（b）得：

$$F_{AB} = \frac{W\sin 45° - F_T\sin 15°}{\sin 75°} = 9.28 \text{ kN}$$

代入式（a）得：

$$F_{AC} = -W\cos 45° - F_T\cos 15° - F_{AB}\cos 75° = -35.9 \text{ kN}$$

$F_{AB}$ 为正值，表明力 $F_{AB}$ 的指向与假定的指向相同，杆 $AB$ 所受的力 $F'_{AB}$ 与 $F_{AB}$ 等值反向，杆 $AB$ 受拉力作用；同理，杆 $AC$ 受压力作用［见图 2-11（c）］。

#### 2.2.2.2　平面力偶系

对于平面力偶系，式（2-9）中的投影方程自然满足，且由于力偶对平面上任一点之矩都相同，故其平衡方程为：

$$\sum M = 0 \qquad (2-13)$$

平面力偶系只有一个独立的平衡方程，只能求解一个未知量。

**【例 2-4】**　用多轴钻床同时加工某工件上的四个孔，钻孔时每个钻头的主切削力组成一力偶，各力偶矩的大小均为 $M = 15$ N·m，$l = 200$ mm（见图 2-12）。求加工时两个固定螺栓 $A$、$B$ 所受的力。

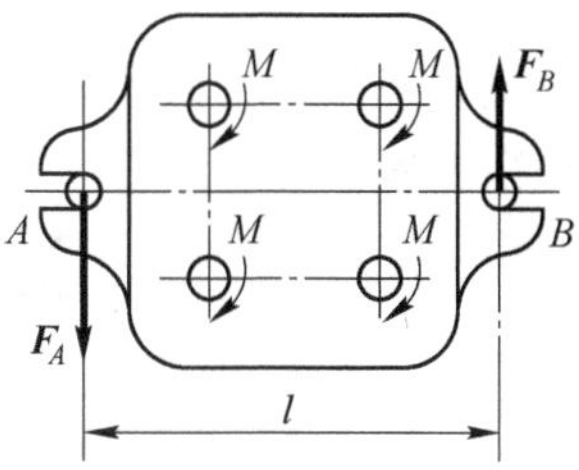

**解**：选工件为研究对象。工件受到四个已知力偶及两个螺栓的反力的作用。螺栓反力 $F_A$ 和 $F_B$ 组成一力偶，与已知力偶平衡，故 $F_A = F_B$，假定指向如图 2-12 所示。列出平衡方程

$$\sum M = 0, \quad F_A l - 4M = 0$$

得：

$$F_A = 4M/l = 300 \text{ N}$$

故螺栓 $A$、$B$ 所受的力为：

$$F_A = F_B = 300 \text{ N}$$

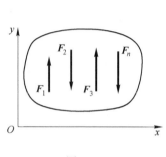

图 2-12

### 2.2.2.3 平面平行力系

各力的作用线都在同一平面内且互相平行的力系称为平面平行力系。设有平面平行力系 $F_1$、$F_2$、$\cdots$、$F_n$（见图 2-13），若取 $x$ 轴与各力垂直，则这些力在 $x$ 轴上的投影都等于零，即 $\sum F_x = 0$。根据式（2-9）和式（2-10），平面平行力系的平衡方程为：

$$\left. \begin{array}{l} \sum F_y = 0 \\ \sum M_O = 0 \end{array} \right\} \tag{2-14}$$

或二力矩形式：

$$\left. \begin{array}{l} \sum M_A = 0 \\ \sum M_B = 0 \end{array} \right\} \tag{2-15}$$

图 2-13

其中 $A$、$B$ 两点（图中未标出）连线不能与各力平行。平面平行力系只有两个独立的平衡方程，只能求解两个未知量。

**【例 2-5】** 塔式起重机（见图 2-14）的机架重 $W = 500$ kN，重力作用线与右轨的距离 $e = 1.5$ m。最大起重载荷 $F = 250$ kN，其作用线与右轨的距离 $l = 10$ m。轨距 $b = 3$ m，平衡锤重力作用线与左轨的距离 $a = 6$ m。

（1）欲使起重机在满载和空载时均不致翻倒，求平衡锤重 $W_1$ 的值。

（2）当平衡锤重 $W_1 = 370$ kN 时，求满载时轨道对起重机轮子的约束力。

**解**：（1）取起重机为研究对象。先考虑满载时的情况。此时，作用于起重机上的力有机身重力 $W$，起吊载荷 $F$，平衡锤重力 $W_1$ 以及轨道对

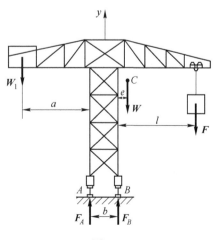

图 2-14

轮子的约束力 $F_A$、$F_B$，这些力组成一平面平行力系（见图 2-14）。满载时起重机翻倒，将是绕 $B$ 点转动。在平衡的临界状态，$F_A$ 等于零，平衡锤重达到允许的最小值 $W_{1min}$，列出平衡方程：

$$\sum M_B = 0, \quad W_{1min}(a+b) - We - Fl = 0$$

得：

$$W_{1min} = \frac{We + Fl}{a + b} = 361 \text{ kN}$$

再考虑空载（$F=0$）的情况。此时，应使起重机不绕 $A$ 点翻倒。在平衡的临界状态，$F_B$ 等于零，平衡锤重达到允许的最大值 $W_{1max}$。列出平衡方程：

$$\sum M_A = 0, \quad W_{1max}a - W(a+b) = 0$$

得：
$$W_{1max} = \frac{W(e+b)}{a} = 375 \text{ kN}$$

因此，要保证起重机在满载和空载时均不致翻倒，平衡锤重 $W_1$，应满足如下关系：
$$361 \text{ kN} \leqslant W_1 \leqslant 375 \text{ kN}$$

（2）取起重机为研究对象，画出受力图（见图 2-14）。取 $y$ 轴向上为正，列出平衡方程：

$$\sum M_A = 0, \quad W_1a + F_Bb - W(e+b) - F(l+b) = 0$$

得：
$$F_B = \frac{W(e+b) + F(l+b) - W_1a}{b} = 1093 \text{ kN}$$

$$\sum F_y = 0, \quad F_A + F_B - W_1 - W - F = 0$$

得：
$$F_A = W_1 + W + F - F_B = 27 \text{ kN}$$

物体所受的力，如果是沿着狭长面积或体积连续分布且相互平行的力系，称为线分布力或线载荷。例如梁的自重，可简化为沿梁的轴线分布的线载荷。单位长度上所受的力，称为分布力在该处的集度，通常用 $q$ 表示，其单位是 N/m 或 kN/m。如果 $q$ 为一常量，则该分布力称为均布力或均布载荷，否则就称为非均布力或非均布载荷。表示力的分布情况的图形称为载荷图。均布载荷沿一直线分布时，其载荷图为一矩形［见图 2-15（a）］；静水压力是非均布载荷，其载荷图是三角形［见图 2-15（b）］。

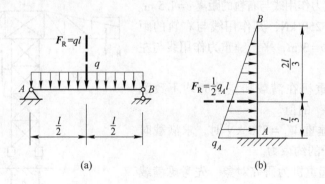

图 2-15

利用合力矩定理可以证明：线分布力合力的大小等于载荷图的面积，合力的作用线通过载荷图的形心，合力的指向与分布力的指向相同。在求解平衡问题时，线分布力可以用其合力来替换。

**【例 2-6】** 水平外伸梁［见图 2-16（a）］上受均布载荷 $q$、力偶 $M$ 和集中力 $F$ 的作用，求支座 $A$、$B$ 处的反力。

**解**：取梁为研究对象，画出受力图［见图 2-16（b）］。作用于梁上的力有均布载荷的合力 $F_R$（$F_R = qa$，作用于均布载荷区段的中点），力偶 $M$，集中力 $F$ 以及支座反力 $F_{Ax}$、$F_{Ay}$、$F_B$。这些力组成一平面力系。建立坐标系 $Oxy$，列出平衡方程：

$$\sum F_x = 0, \quad F_{Ax} = 0$$

$$\sum M_A = 0, \quad F_R \times a/2 - M + F_B \times 2a - F \times 3a = 0$$

得：

$$F_B = \frac{3}{2}F - \frac{qa}{4} + \frac{M}{2a}$$

$$\sum F_y = 0, \quad -F_R + F_{Ay} + F_B - F = 0$$

得：

$$F_{Ay} = -\frac{F}{2} + \frac{5}{4}qa - \frac{M}{2a}$$

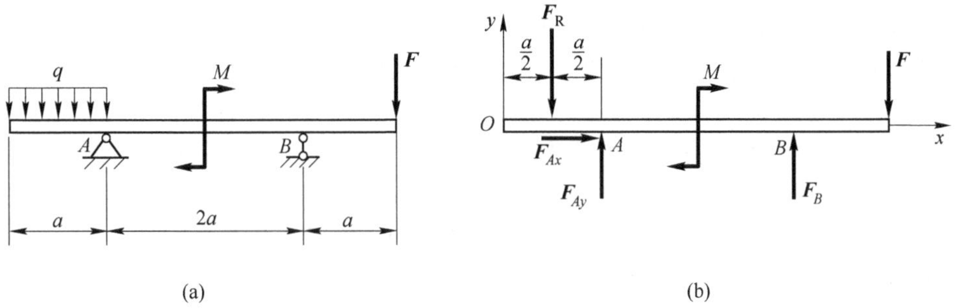

(a)　　　　　　　　　　(b)

图 2-16

本例中，由于水平外伸梁上没有水平方向载荷作用，支座 $A$ 处的反力 $F_{Ax}$ 一定等于零，因此在受力分析时可只画出反力 $F_{Ay}$。

### 2.2.3　静定与超静定问题

由前述可知，每一种力系的独立平衡方程的数目都是一定的。例如，平面力偶系只有一个，平面汇交力系和平面平行力系各有两个，平面任意力系有三个。因此，对每一种力系来说，能求解的未知量的数目也是一定的。如果所研究的平衡问题的未知量的数目等于对应独立平衡方程的数目，则未知量可全部由平衡方程求得。这类问题称为静定问题。上面所举的例 2-2～例 2-6 都是静定问题。如果所研究的平衡问题的未知量的数目多于对应独立平衡方程的数目，仅用平衡方程就不能全部求出这些未知量，这类问题称为超静定问题或静不定问题。未知量的数目与对应独立平衡方程数目的差数称为超静定次数。例如图 2-17（a）中，当考虑结点 $A$ 平衡时，各力组成一个平面汇交力系，未知量有三个，而对应的独立平衡方程只有两个，因而是一次超静定问题。又当考虑梁 $AB$［见图 2-17（b）］平衡时，未知量有四个，而对应的独立平衡方程只有三个，故也是一次超静定问题。

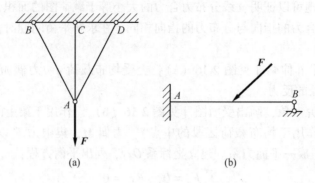

图 2-17

超静定问题虽然用刚体静力学的平衡方程不能求出全部未知量，但若再考虑到物体受力后的变形，找出变形与作用力之间的关系，列出足够多的补充方程，超静定问题是可以解决的。

### 2.2.4 物体系的平衡问题

所谓物体系是指由若干个物体通过约束按一定方式连接而成的系统。在物体系的平衡问题中，首先需要判断系统是否静定。判断的方法是先计算系统的独立平衡方程的数目。当系统平衡时，组成该系统的每个物体也都处于平衡状态。如果每个物体都受到一个平面任意力系的作用，则对每个物体均可列出三个独立的平衡方程。设系统由 $n$ 个物体组成，则可列出 $3n$ 个独立的平衡方程。若系统中有的物体受平面力偶系、平面汇交力系或平面平行力系的作用，则系统的独立平衡方程的总数相应减少。然后，计算系统的未知量数目，如果总的未知量数目不超过独立平衡方程的数目，则系统是静定的。

求解静定物体系的平衡问题通常有以下两种方法：

（1）先取整个系统为研究对象，列出平衡方程，解得部分未知量；再取系统中某些物体为研究对象，列出平衡方程，求出全部未知量。

（2）逐个取系统中每个物体为研究对象，列出平衡方程，求出全部未知量。

至于采用何种方法求解，应根据问题的具体情况，恰当地选取研究对象，列出较少的方程，解出所求未知量。并且尽量使每一个方程中只包含一个未知量，以避免解联立方程。

**【例 2-7】** 三铰拱 [见图 2-18（a）] 每半拱重 $W = 300$ kN，跨长 $l = 32$ m，拱高 $h = 10$ m. 求：

（1）支座 $A$、$B$ 处的约束力。

（2）铰 $C$ 处的约束力。

**解**：（1）先取三铰拱整体为研究对象，画出受力图 [见图 2-18（b）]。作用于三铰拱上的力有半拱重力 $W$，支座 $A$、$B$ 处的反力 $F_{Ax}$、$F_{Ay}$，$F_{Bx}$、$F_{By}$。这些力组成一个平面力系。建立坐标系 $Axy$，列出平衡方程：

$$\sum M_B = 0, \quad -F_{Ay} \times (32 \text{ m}) + W \times (28 \text{ m}) + W \times (4 \text{ m}) = 0$$

得：

$$F_{Ay} = 300 \text{ kN}$$

$$\sum F_y = 0, \qquad F_{Ay} + F_{By} - 2W = 0$$

得：
$$F_{By} = 300 \text{ kN}$$

$$\sum F_x = 0, \qquad F_{Ax} - F_{Bx} = 0$$

得：
$$F_{Ax} = F_{Bx} \tag{a}$$

再取半拱 $AC$ 为研究对象，画出受力图 [见图2-18（c）]。作用于半拱 $AC$ 上的力有半拱重力 $W$，支座 $A$ 处的反力 $F_{Ax}$、$F_{Ay}$ 以及铰 $C$ 处的反力 $F_{Cx}$、$F_{Cy}$。列出平衡方程：

$$\sum M_C = 0, \qquad F_{Ax}h - F_{Ay} \times l/2 + W \times (12 \text{ m}) = 0$$

得：
$$F_{Ax} = 120 \text{ kN}$$

将 $F_{Ax}$ 的值代入式（a），得：

$$F_{Bx} = F_{Ax} = 120 \text{ kN}$$

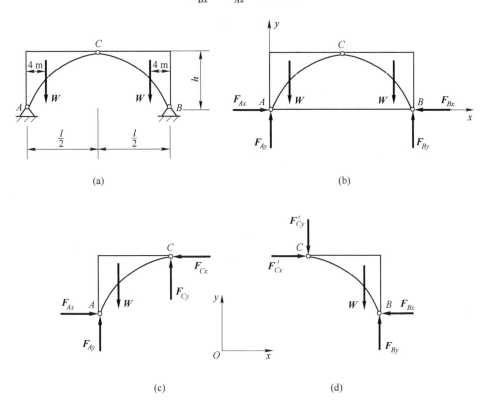

图 2-18

（2）欲求铰 $C$ 处的约束力，可以在上面计算的基础上，再列出半拱 $AC$ 的其他平衡方程：

$$\sum F_x = 0, \qquad F_{Ax} - F_{Cx} = 0$$

得：
$$F_{Cx} = F_{Ax} = 120 \text{ kN}$$

$$\sum F_y = 0, \qquad F_{Ay} - W + F_{Cy} = 0$$

得：
$$F_{Cy} = W - F_{Ay} = 0$$

下面给出另一种解法。分别取半拱 $AC$ 和 $BC$ 为研究对象，画出它们的受力图 [见

图 2-18（c）、（d）]。列出半拱 $AC$ 的平衡方程：

$$\sum M_A = 0, \quad F_{Cx}h + F_{Cx} \times l/2 - W \times (4 \text{ m}) = 0 \tag{b}$$

$$\sum F_x = 0, \quad F_{Ax} - F_{Cx} = 0 \tag{c}$$

$$\sum F_y = 0, \quad F_{Ay} - W + F_{Cy} = 0 \tag{d}$$

列出半拱 $BC$ 的平衡方程：

$$\sum M_B = 0, \quad -F'_{Cx}h + F'_{Cy} \times l/2 + W \times (4 \text{ m}) = 0 \tag{e}$$

$$\sum F_x = 0, \quad F'_{Cx} - F_{Bx} = 0 \tag{f}$$

$$\sum F_y = 0, \quad F_{By} - F'_{Cy} - W = 0 \tag{g}$$

根据作用与反作用定律，$F'_{Cx} = F_{Cx}$、$F'_{Cy} = F_{Cy}$，联立求解式（b）与（e），得：

$$F_{Cx} = 120 \text{ kN}, \quad F_{Cy} = 0$$

分别代入式（c）、式（d）、式（f）、式（g），得：

$$F_{Bx} = F_{Ax} = 120 \text{ kN}, \quad F_{By} = F_{Ay} = 300 \text{ kN}$$

请读者比较以上两种解法，并思考：若只需求支座 $A$、$B$ 处或铰 $C$ 处的约束力，怎样解最方便。

【例 2-8】　曲柄冲压机由冲头、连杆、曲柄和飞轮组成 [见图 2-19（a）]。设曲柄 $OB$ 在水平位置时系统平衡，冲头 $A$ 所受的工件阻力为 $F$。已知飞轮重 $W$，连杆 $AB$ 长 $l$，曲柄 $OB$ 长 $r$，不计冲头、曲柄和连杆的自重，求作用于飞轮上的力偶矩 $M$ 和轴承 $O$ 处的约束力。

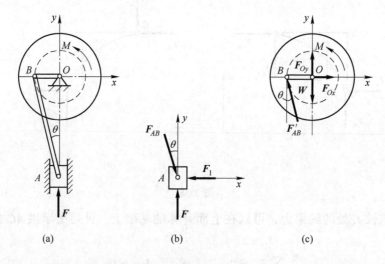

图 2-19

**解**：（1）取冲头 $A$ 为研究对象，画出受力图 [见图 2-19（b）]。作用于冲头上的力有工件的阻力 $F$、轨道反力 $F_1$、连杆 $AB$ 的作用力 $F_{AB}$。建立坐标系 $Axy$，列出平衡方程：

$$\sum F_y = 0, \quad F - F_{AB}\cos\theta = 0$$

得：

$$F_{AB} = \frac{F}{\cos\theta} = \frac{F}{\sqrt{1 - \dfrac{r^2}{l^2}}}$$

（2）取飞轮为研究对象，画出受力图［见图 2-19（c）］。作用于飞轮上的力有飞轮重力 $W$，力偶矩 $M$，轴承 $O$ 处反力 $F_{Ox}$、$F_{Oy}$ 以及连杆 $AB$ 的作用力 $F'_{AB}$。因连杆 $AB$ 为二力杆，故 $F'_{AB} = F_{AB}$。列出飞轮的平衡方程：

$$\sum M_O = 0, \qquad M - F'_{AB}\cos\theta \cdot r = 0$$

得：

$$M = F'_{AB}\cos\theta \cdot r = F_{AB}\cos\theta \cdot r = F \cdot r$$

$$\sum F_x = 0, \qquad F_{Ox} - F'_{AB}\sin\theta = 0$$

得：

$$F_{Ox} = F'_{AB}\sin\theta = F_{AB}\sin\theta = \frac{Fr}{\sqrt{l^2 - r^2}}$$

$$\sum F_y = 0, \quad F_{Oy} - W + F'_{AB}\cos\theta = 0$$

得：

$$F_{Oy} = W - F'_{AB}\cos\theta = W - F_{AB}\cos\theta = W - F$$

**【例 2-9】** 求多跨静定梁［见图 2-20（a）］的支座反力。已知：$F_1 = 50$ kN，$F_2 = F_3 = 60$ kN，$q = 20$ kN/m。

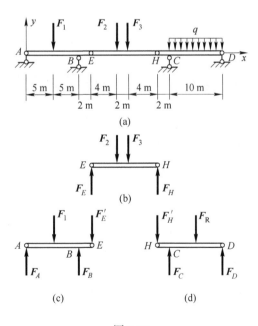

图 2-20

**解：**（1）取 $EH$ 部分为研究对象，画出受力图［见图 2-20（b）］。作用于 $EH$ 部分上的力有已知力 $F_2$、$F_3$，铰 $E$、$H$ 处的约束反力 $F_E$、$F_H$。由于受力具有对称性，因此有：

$$F_E = F_H = 60 \text{ kN}$$

（2）取 AE 部分为研究对象，画出受力图 [见图 2-20（c）]。作用于 AE 部分上的力有已知力 $F_1$，支座反力 $F_A$、$F_B$，铰 E 处的约束力 $F_E'$。由作用与反作用定律，$F_E' = F_E$。取 y 轴向上为正，列出平衡方程：

$$\sum M_B = 0, \quad -F_A \times (10 \text{ m}) + F_1 \times (5 \text{ m}) - F_E' \times (2 \text{ m}) = 0$$

得：

$$F_A = \frac{5F_1 - 2F_E'}{10} = 13 \text{ kN}$$

$$\sum F_y = 0, \quad F_A - F_1 + F_B - F_E' = 0$$

得：

$$F_B = -F_A + F_1 + F_E' = 97 \text{ kN}$$

（3）取 HD 部分为研究对象，画出受力图 [见图 2-20（d）]。作用于 HD 部分上的力有均布载荷的合力 $F_R$，$F_R = q \times (10 \text{ m})$，作用于分布载荷区段的中点；支座反力 $F_C$、$F_D$，铰 H 处的约束力 $F_H'$，$F_H' = F_H$。列出平衡方程：

$$\sum M_C = 0, \quad F_H' \times (2 \text{ m}) - F_R \times (5 \text{ m}) + F_D \times (10 \text{ m}) = 0$$

得：

$$F_D = \frac{1}{10}(-2F_H' + 5F_R) = 88 \text{ kN}$$

$$\sum F_y = 0, \quad -F_H' + F_C - F_R + F_D = 0$$

得：

$$F_C = F_H' + F_R - F_D = 172 \text{ kN}$$

# *学习情境 2.3　考虑摩擦时的平衡问题

前面研究物体的平衡问题时，都是假定两物体间的接触面是完全光滑的。实际上，这种完全光滑的接触面是不存在的，两物体的接触面间一般都有摩擦。在有些问题中，接触面确实比较光滑或有良好的润滑条件，以致摩擦力与物体所受的其他力相比小得多，属于次要因素，可以忽略不计。然而在另一些问题中，摩擦起着主要作用，必须加以考虑。例如，胶带轮靠摩擦实现运动的传递，车辆的起动与制动都要靠摩擦，等等。

按照物体接触部分相对运动的情况，摩擦可分为滑动摩擦与滚动摩擦两类。当两物体接触面有相对滑动或相对滑动趋势时，在接触处的公切面内将受到一定的阻碍其滑动的阻力，这种现象称为滑动摩擦。当两物体有相对滚动或相对滚动趋势时，物体间产生的对滚动的阻碍称为滚动摩擦。本节只考虑滑动摩擦的情况。

## 2.3.1　滑动摩擦定律

将重 W 的物块放在水平面内，并施加一水平力 F（见图 2-21）。当力 F 较小时，物块虽有沿水平面滑动的趋势，但仍保持静止状态，这是因为接触面间存在一个阻碍物块滑动的力 $F_f$。这个力称为静滑动摩擦力，简称静摩擦力。它的大小由平衡方程求得，$F_f = F$，方向与滑动趋势方向相反（见图2-21）。若 $F=0$，则 $F_f=0$，即物体没有滑动趋势时，也就没有摩擦力；当 $F$ 增大时，静摩擦力 $F_f$ 也随之增大。当 $F$ 增大到某一数值时，物块处于将动而未动的临界平衡状态，这时静摩擦力达到最大值，称为最大静摩擦力，用 $F_{fmax}$ 表示。

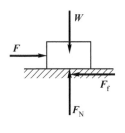

图 2-21

由上可知，静摩擦力的方向与相对滑动趋势的方向相反，大小随主动力的变化而变化，变化范围在零与最大值之间，即

$$0 \leqslant F_f \leqslant F_{fmax} \tag{2-16}$$

大量实验证明，最大静摩擦力的大小与接触面间的正压力（即法向反力）$F_N$ 成正比，即

$$F_{fmax} = f_s F_N \tag{2-17}$$

这就是静滑动摩擦定律，简称静摩擦定律。式中比例常数 $f_s$ 称为静摩擦因数。它的大小与接触物体的材料、接触面的粗糙度、湿度、温度等情况有关，而与接触面积的大小无关。各种材料在不同表面情况下的静摩擦因数是由实验测定的，这些值可在工程手册中查到。

在图2-21中，当作用于物块上的主动力大于最大静摩擦力 $F_{fmax}$ 时，物块将滑动。滑动时接触面间将产生阻碍滑动的力，这种阻力称为动滑动摩擦力，简称动摩擦力，以 $F'_f$ 表示。大量实验证明，动摩擦力 $F'_f$ 的方向与两物体间相对速度的方向相反，其大小与两物体间的正压力（即法向反力）$F_N$ 成正比，即

$$F'_f = f \cdot F_N \tag{2-18}$$

这就是动滑动摩擦定律，简称动摩擦定律。式中的 $f$ 称为动摩擦因数，它的大小除了与接触面的材料性质和物理状态等有关外，还与物体相对滑动的速度有关。通常不考虑速度变化对 $f$ 的影响，而将 $f$ 看作常量。一般情况下，动摩擦因数 $f$ 略小于静摩擦因数 $f_s$，在精度要求不高时，可近似认为 $f \approx f_s$。

### 2.3.2 考虑摩擦时的平衡问题分析

考虑有摩擦的平衡问题，在加上静摩擦力之后，就和求解没有摩擦的平衡问题一样。不过应注意，静摩擦力的方向总是与相对滑动趋势的方向相反，不能假定。另外，静摩擦力的大小有个变化范围，相应的平衡问题的解答也具有一个变化范围。通常都是对物体将动未动的临界状态进行分析，列出 $F_{fmax} = f_s F_N$ 作为补充方程。

【例2-10】 重 $W$ 的物块放在斜面上［见图2-22（a）］，由经验得知，当斜面的倾角 $\theta$ 大于某一值时，物块将向下滑动。此时在物块上加一水平力 $F$，使物块保持静止。设摩擦因数为 $f_s$，求力 $F$ 的最小值和最大值。

**解**：根据经验，如果力 $F$ 太小，物块将向下滑动，但如力 $F$ 太大，物块又将向上滑动。

（1）求使物块不致下滑所需力的最小值 $F_{min}$。考虑临界平衡状态，画出物块的受力图［见图2-22（b）］。由于物块有向下滑动的趋势，因此摩擦力 $F_{f1max}$ 应沿斜面向上。建立坐标系 $Oxy$，列出平衡方程：

$$\sum F_x = 0, \quad F_{min}\cos\theta + F_{f1max} - W\sin\theta = 0$$

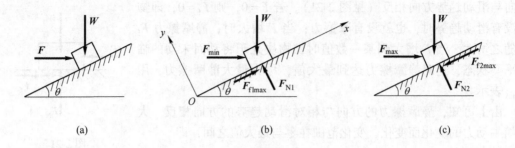

图 2-22

$$\sum F_y = 0, \quad -F_{\min}\sin\theta + F_{N1} - W\cos\theta = 0$$

以及补充方程：

$$F_{f1\max} = f_s F_{N1}$$

联立解得：

$$F_{\min} = \frac{\sin\theta - f_s\cos\theta}{\cos\theta + f_s\sin\theta}W$$

（2）求使物块不致上滑所需力的最大值 $F_{\max}$。这时摩擦力应沿斜面向下，画出物块的受力图 [见图 2-22（c）]，列出平衡方程及补充方程：

$$\sum F_x = 0, \quad F_{\max}\cos\theta - F_{f2\max} - W\sin\theta = 0$$

$$\sum F_y = 0, \quad -F_{\max}\sin\theta + F_{N2} - W\cos\theta = 0$$

$$F_{f2\max} = f_s F_{N2}$$

联立解得：

$$F_{\max} = \frac{\sin\theta + f_s\cos\theta}{\cos\theta - f_s\sin\theta}W$$

可见，欲使物块在斜面上保持静止，力 $F$ 应满足如下条件：

$$F_{\min} = \frac{\sin\theta - f_s\cos\theta}{\cos\theta + f_s\sin\theta}W \leqslant F \leqslant F_{\max} = \frac{\sin\theta + f_s\cos\theta}{\cos\theta - f_s\sin\theta}W$$

【例 2-11】　摩擦制动器 [见图 2-23（a）] 的摩擦块与轮之间的摩擦因数为 $f_s$，作用于轮上的转动力矩为 $M$。在制动杆 $AB$ 上作用一力 $F$，摩擦块的厚度为 $\delta$。求制动轮子所需的力 $F$ 的最小值。

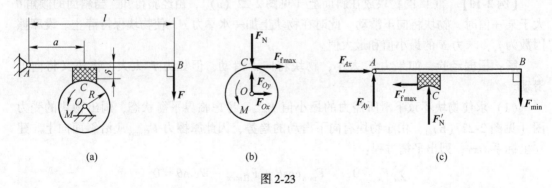

图 2-23

**解**：先取轮子为研究对象。当轮子刚能停止转动时，力 $F$ 的值最小。此时轮子处于临界平衡状态，摩擦力达到最大值，方向向右。画出轮子的受力图［见图 2-23（b）］，列出平衡方程：

$$\sum M_O = 0, \quad M - F_{\text{fmax}} R = 0$$

以及补充方程：

$$F_{\text{fmax}} = f_s F_N$$

解得：

$$F_{\text{fmax}} = \frac{M}{R}, \quad F_N = \frac{M}{f_s R}$$

再取杆 $AB$ 为研究对象。画出其受力图［见图 2-23（c）］，列出平衡方程：

$$\sum M_A = 0, \quad F_N' a - F_{\text{fmax}}' \delta - F_{\min} l = 0$$

将 $F_{\text{fmax}}' = F_{\text{fmax}} = \dfrac{M}{R}$，$F_N' = F_N = \dfrac{M}{f_s R}$ 代入上式，得：

$$F_{\min} = \frac{M(a - f_s \delta)}{f_s l R}$$

### 2.3.3　摩擦角和自锁现象

设放在水平面上的物块在主动力作用下，有向右滑动的趋势，水平面作用于物块的力有法向反力 $F_N$ 和摩擦力 $F_f$，它们的合力 $F_R$ 称为全反力［见图 2-24（a）］。设全反力 $F_R$ 与法向反力之间的夹角为 $\varphi$，当摩擦力 $F_f$ 达到最大值 $F_{\text{fmax}}$ 时，角 $\varphi$ 也达到它的最大值 $\varphi_f$。$\varphi_f$ 称为摩擦角。由图 2-24（b）可得：

$$\tan \varphi_f = \frac{F_{\text{fmax}}}{F_N}$$

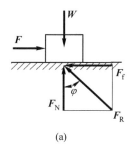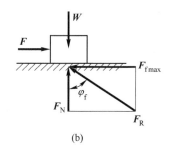

(a)　　　　　　　　　　(b)

图 2-24

将 $F_{\text{fmax}} = f_s F_N$ 代入上式，得：

$$\tan \varphi_f = f_s \tag{2-19}$$

即摩擦角的正切等于静摩擦因数。

由于摩擦力 $F_f$ 有一个范围：

$$0 \leqslant F_f \leqslant F_{\text{fmax}}$$

因此角 $\phi_f$ 也有一个范围：

$$0 \leqslant \varphi \leqslant \varphi_f$$

即全反力 $F_R$ 的作用线必定在摩擦角内。当物体处于临界平衡状态时，全反力 $F_R$ 的作用线在摩擦角的边缘。因此，如果作用于物体上的主动力的合力 $F_P$ 的作用线在摩擦角之内 [见图 2-25 (a)]，则不论这个力多大，支撑面总会产生一个全反力 $F_R$ 与之平衡，使物体保持静止；反之，如果主动力的合力 $F_P$ 的作用线在摩擦角之外 [见图 2-25 (b)]，则不论这个力多小，物体都将发生运动。这种与力的大小无关而与摩擦角（或摩擦因数）有关的平衡现象称为自锁。

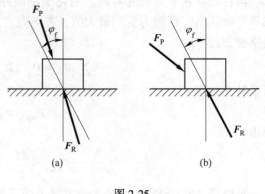

图 2-25

自锁在工程上有广泛的应用。例如，螺旋千斤顶在举起重物后不会自动下落，设计时要求千斤顶的螺旋升角必须小于摩擦角。而在一些问题中，则要设法避免产生自锁现象。例如工作台在导轨中要求能顺利滑动，不允许发生卡死现象（即自锁）。

【例 2-12】 电工攀登电线杆的脚套钩 [见图 2-26 (a)] 与杆之间的摩擦因数为 $f_s$，电线杆直径为 $d$，$A$、$B$ 两接触点间的铅直距离为 $b$。求欲使人站在套钩上而套钩不致下滑的最小距离 $l_{\min}$。

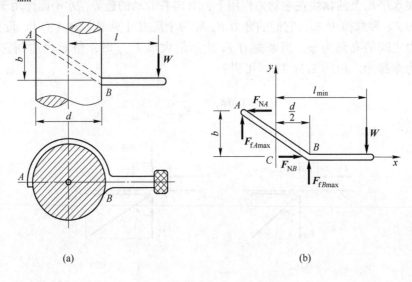

图 2-26

**解**：取套钩为研究对象，考虑其处于有向下滑动趋势的临界平衡状态，画出受力图 [见图 2-26 (b)]。其中 $W$ 为人的重力。建立坐标系 $Cxy$，列出平衡方程：

$$\sum F_x = 0, \quad F_{NB} - F_{NA} = 0$$

$$\sum F_y = 0, \quad F_{fA\max} + F_{fB\max} - W = 0$$

$$\sum M_A = 0, \quad F_{fB\max}d + F_{NB}b - W(l_{\min} + d/2) = 0$$

以及补充方程：

$$F_{fA\max} = f_s F_{NA}$$

$$F_{fB\max} = f_s F_{NB}$$

联立解得：

$$l_{\min} = \frac{b}{2f_s}$$

只要 $l \geqslant \dfrac{b}{2f_s}$，无论人的重力多么大，套钩都不会下滑，这也是自锁现象的一个例子。

## 思 考 题

2-1 力在坐标轴上的投影与力沿相应轴向的分力有什么区别和联系？

2-2 试分别说明力系的主矢、主矩与合力、合力偶的区别和联系。

2-3 力系如图 2-27 所示，且 $F_1 = F_2 = F_3 = F_4$。试问力系向点 $A$ 和点 $B$ 简化的结果分别是什么，两种结果是否等效？

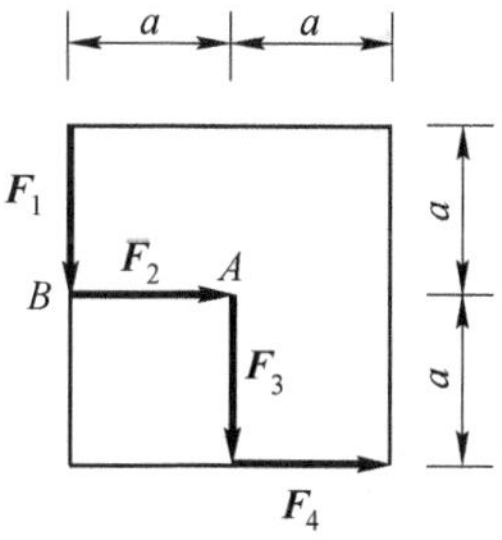

2-4 若平面力系向 $A$、$B$ 两点简化的主矩都为零，试问该力系是否为平衡力系，为什么？

2-5 若平面力系满足 $\sum F_x = 0$ 和 $\sum F_y = 0$，但不满足 $\sum M_O = 0$，试问该力系的简化结果是什么？

图 2-27

2-6 试判断图 2-28 所示各平衡问题哪些是静定的，哪些是超静定的，为什么？

2-7 在粗糙的斜板上放置重物，当重物不下滑时，可敲打斜板，重物就会下滑，试解释其原因。

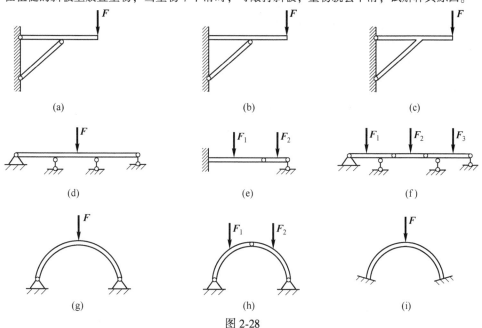

图 2-28

2-8 图 2-29 所示重 $W$ 的物块放置在斜面上，已知静摩擦因数为 $f_s$，且 $\tan\theta < f_s$，试问物块是否下滑？若增加物块的重量，能否达到下滑的目的，为什么？

2-9　用图 2-30 所示两种施力方式使置于水平面上重 $W$ 的物块向右滑动，设接触处的静摩擦因数为 $f_s$，试问哪种方式省力，为什么？

2-10　平胶带和三角胶带传动如图 2-31 所示。设两种胶带用同样的材料制作，粗糙度相同，所受压力相同，试分析比较哪种情况的摩擦力大，为什么？

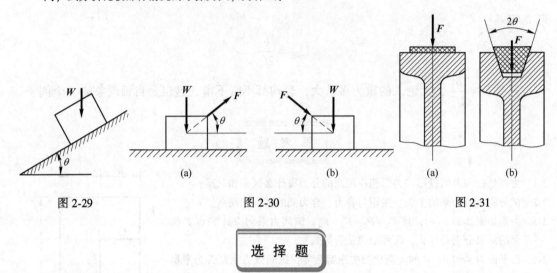

图 2-29　　　　　　　　　　　图 2-30　　　　　　　　　　　图 2-31

## 选 择 题

2-1　如图 2-32 所示，某平面内一平衡力系，各力与 $y$ 轴平行，已知 $F_1 = 10$ N、$F_2 = 8$ N、$F_3 = 4$ N、$F_4 = 8$ N、$F_5 = 10$ N，则力系的简化结果与简化中心的位置 _____。

A. 无关

B. 有关

C. 若简化中心选在 $x$ 轴上，与简化中心有关

D. 若简化中心选在 $y$ 轴上，与简化中心有关

2-2　如图 2-33 所示，胶带轮半径为 $R$，胶带拉力分别为 $F_1$ 和 $F_2$（二力的大小不变），若胶带的包角为 $\alpha$，则胶带使胶带轮转动的力矩 _____。

A. 包角 $\alpha$ 越大，转动力矩越大　　B. 包角 $\alpha$ 越大，转动力矩越小

C. 包角 $\alpha$ 越小，转动力矩越大　　D. 转动力矩大小与包角 $\alpha$ 无关

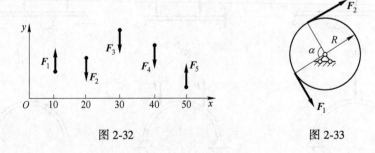

图 2-32　　　　　　　　　　　　　　图 2-33

2-3　如图 2-34 所示，在刚体同一平面内 $A$、$B$、$C$ 三点上分别作用的 $F_1$、$F_2$、$F_3$ 三个力，构成封闭三角形，此力系属于 _____。

A. 力系平衡　　　　　　　　　　B. 平面一般力系

C. $F_1 = F_2 + F_3$　　　　　　　　D. 平面汇交力系

2-4　如图 2-35（a）、（b）所示两种状态，两物重均为 $G$，若作用力 $F=G$，物体与支撑面间的摩擦角为 30°，那么_____。

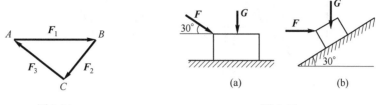

图 2-34　　　　　　　　　　　　　　　　图 2-35

A.（a）平衡、（b）不平衡　　　　B.（a）不平衡、（b）平衡

C.（a）、（b）均不平衡　　　　　D.（a）、（b）均平衡

习　题

2-1　已知 $F_1 = 2000$ N、$F_2 = 150$ N、$F_3 = 200$ N、$F_4 = 200$ N，各力的方向如图 2-36 所示。试分别求各力在 $x$ 轴和 $y$ 轴上的投影。

2-2　图 2-37 所示铆接钢板在孔 $A$、$B$ 和 $C$ 处受三个力作用。已知 $F_1 = 100$ N，沿铅直方向；$F_2 = 50$ N，沿 $AB$ 方向；$F_3 = 50$ N，沿水平方向。求此力系的合力。

2-3　如图 2-38 所示平面力系，已知 $F_1 = F_2 = F$，$F_3 = F_4 = \sqrt{2}F$，每方格边长为 $a$。求力系向 $O$ 点简化的结果。

2-4　某桥墩顶部受到两边桥面传来的铅直力 $F_1 = 1940$ kN，$F_2 = 800$ kN，制动力 $F_3 = 193$ kN 的作用。桥墩自重 $W = 5280$ kN，风力 $F_4 = 140$ kN。各力作用线位置如图 2-39 所示。求将这些力向基底截面中心 $O$ 简化的结果；如能简化为一合力，再求合力作用线的位置。

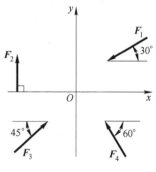

图 2-36

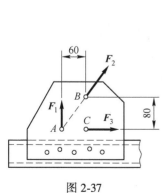

图 2-37

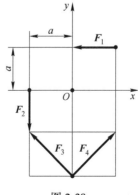

图 2-38

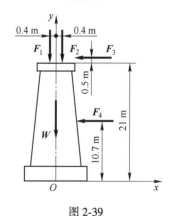

图 2-39

2-5　支架由杆 $AB$、$AC$ 构成，$A$、$B$、$C$ 三处均为铰接，在 $A$ 点悬挂重 $W$ 的重物，杆的自重不计。求图 2-40（a）、（b）所示两种情形下，杆 $AB$、$AC$ 所受的力，并说明它们是拉力还是压力。

2-6　图 2-41 所示重为 $W$ 的钢管支撑在 V 形槽内。求钢管对两侧槽壁 $A$ 和 $B$ 的压力。

2-7　图 2-42 所示压路机碾子重 $W = 20$ kN，半径 $R = 0.4$ m。求碾子越过高度为 $h = 80$ mm 的障碍物所需的最小水平力 $F_{\min}$。

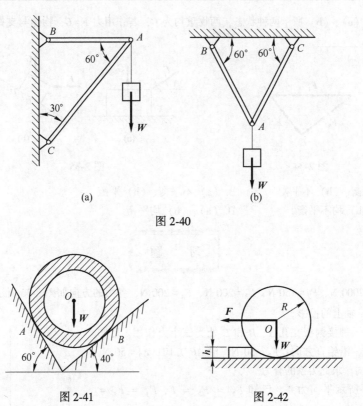

图 2-40

图 2-41　　　　　　　　　　图 2-42

2-8　梁 $AB$ 长 $l = 6$ m, $A$、$B$ 端各作用一力偶, 力偶矩的大小分别为 $M_1 = 15$ kN·m, $M_2 = 24$ kN·m, 转向如图 2-43 所示。求支座 $A$、$B$ 处的反力。

2-9　图 2-44 所示电动机轴通过联轴器与工作轴相连, 联轴器上四个螺栓 $A$、$B$、$C$、$D$ 的孔心均匀地分布在同一圆周上, 此圆的直径 $AC = BD = 150$ mm, 电动机轴传给联轴器的力偶矩 $M = 2.5$ kN·m。设四个螺栓的受力大小相等, 求每个螺栓所受的力。

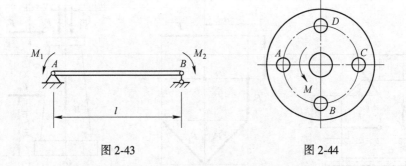

图 2-43　　　　　　　　　　图 2-44

2-10　如图 2-45 所示, 锻锤在工作时, 如果锤头所受工件的作用力有偏心, 就会使锤头发生偏斜, 这样在导轨上将产生很大的压力, 从而加速导轨的磨损, 影响工件的精度。如已知打击力 $F = 1000$ kN, 偏心矩 $e = 20$ mm, 锤头高度 $h = 200$ mm。求锤头加给两侧导轨的压力。

2-11　起重机在图 2-46 所示位置保持平衡。已知起重量 $W_1 = 10$ kN, 起重机自重 $W = 70$ kN。求:

(1) $A$、$B$ 两处地面的反力;

(2) 当其他条件相同时, 最大起重量为多少?

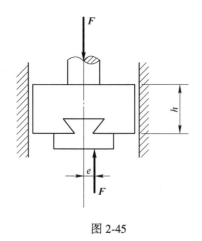

图 2-45

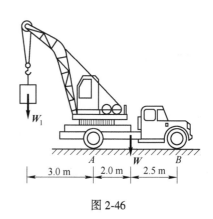

图 2-46

2-12　求图 2-47 所示各梁的支座反力。

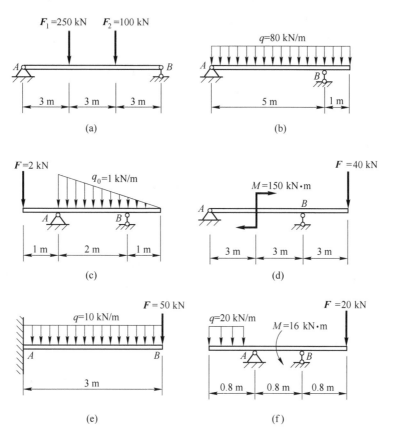

图 2-47

2-13　求图 2-48 所示刚架支座 $A$、$B$ 处的反力。已知 $F = 3$ kN，$q = 1$ kN/m。

2-14　求图 2-49 所示支架中 $A$、$C$ 处的约束力。已知 $W = 50$ kN，不计杆的自重。

2-15　飞机起落架尺寸如图 2-50 所示，$A$、$B$、$C$ 为铰链，杆 $OA$ 垂直于 $AB$。当飞机匀速直线滑行时，地面作用于轮上的铅直正压力 $F_N = 30$ kN。不计摩擦和各杆自重，求 $A$、$B$ 两处的约束力。

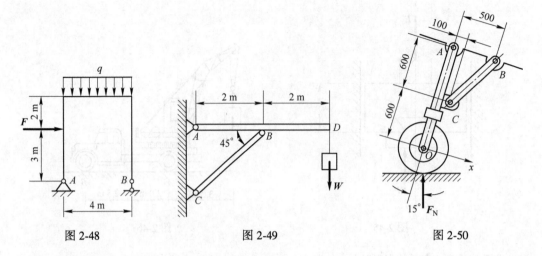

图 2-48　　　　　　　　　　　图 2-49　　　　　　　　　　　图 2-50

2-16　磁带绕过磁带导向装置中的理想滑轮（轴承无摩擦）$A$ 及 $B$，整个装置是平放的，在图 2-51 所示位置处于平衡。求 $D$ 处的约束力和 $C$ 处弹簧的作用力。

2-17　重物悬挂如图 2-52 所示。已知 $W=1.8$ kN，其他构件的自重不计，求支座 $A$ 处的反力和杆 $BC$ 所受的力。

2-18　图 2-53 所示为一简单压榨设备，当在 $A$ 点加力 $F$ 时，物体 $M$ 即受到比 $F$ 大若干倍的力挤压。设水平力 $F=200$ N，求当 $\theta=10°$ 时物体 $M$ 所受的力。

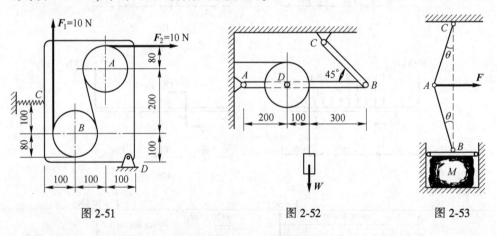

图 2-51　　　　　　　　　　　图 2-52　　　　　　　　　　　图 2-53

2-19　四连杆机构 $OABO_1$ 在图 2-54 所示位置平衡，已知 $OA=0.4$ m，$O_1B=0.6$ m，在曲柄 $OA$ 上作用一力偶，其力偶矩的大小为 $M_1=1$ N·m。不计杆重，求力偶矩 $M_2$ 及连杆 $AB$ 所受的力。

2-20　图 2-55 所示夹紧机构中的省力装置，$A$ 和 $E$ 为铰链，其余为光滑面约束。已知 $F$、$a$ 和 $l$，求杆 $BE$ 对工件 $D$ 的夹紧力。

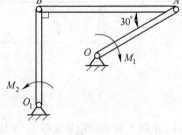

图 2-54

2-21　图 2-56 所示为火箭发动机试验台。发动机固定在台面上，测力计 $M$ 指出绳的拉力为 $F_T$，已知工作台和发动机共重 $W$，重力通过 $AB$ 的中点，$CD=2b$，$CK=h$，$AC=BD=H$，火箭推力 $F$ 的作用线与 $AB$ 间的距离为 $a$。求推力 $F$ 及 $BD$ 杆所受的力。

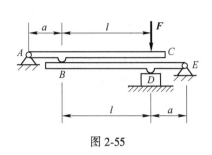

图 2-55

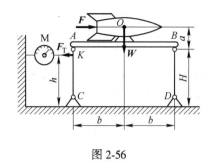

图 2-56

2-22　图 2-57 所示结构各杆在 $A$、$E$、$H$、$I$ 处为铰接，$B$ 处为光滑接触。在 $C$、$D$ 两处分别作用力 $F_1$ 和 $F_2$，且 $F_1 = F_2 = 500$ N，各杆自重不计。求 $H$ 处的约束力。

2-23　三铰刚架如图 2-58 所示，已知 $q = 15$ kN/m，求支座 $A$、$B$ 处的反力。

2-24　求图 2-59 所示多跨静定梁的支座反力。

2-25　求图 2-60 所示静定梁的支座反力。

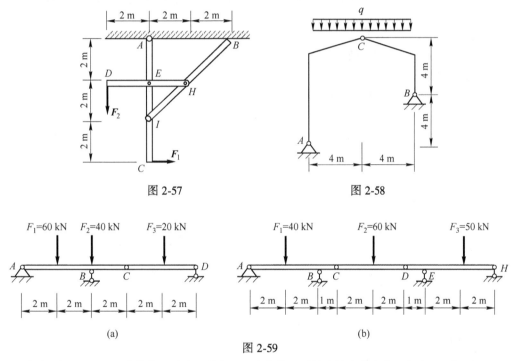

图 2-57　　　　　　　　　　　　　　　图 2-58

图 2-59

2-26　判断图 2-61 所示两物体能否平衡，并求这两个物体所受的摩擦力的大小和方向。已知图 2-61（a）中物体重 $W = 1000$ N，拉力 $F = 200$ N，摩擦因数 $f_s = 0.3$；图 2-61（b）中物体重 $W = 200$ N，压力 $F = 500$ N，摩擦因数 $f_s = 0.3$。

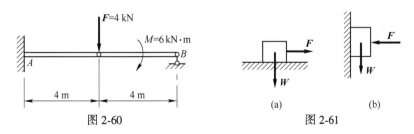

图 2-60　　　　　　　　　　　　　　图 2-61

2-27  混凝土坝横断面如图 2-62 所示，坝高 50 m，底宽 44 m，水深 45 m，混凝土的密度 $\rho = 2.15 \times 10^3$
kg/m³，坝与地面之间摩擦因数 $f_s = 0.6$。取单位长度的坝体为研究对象，研究此水坝是否会产生
滑动。

2-28  图 2-63 所示为运送混凝土的装置，混凝土与吊桶共重 25 kN，吊桶与轨道间的摩擦因数为 0.3，轨
道与水平面夹角为 70°。试分别求吊桶匀速上升和匀速下降时绳子的拉力。

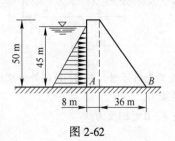

图 2-62

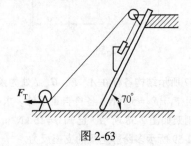

图 2-63

2-29  图 2-64 所示为一楔形滑块放在水平楔形槽内，设滑块重 $W = 20$ N，两侧槽面夹角 $2\theta = 60°$，摩擦因
数 $f_s = 0.3$，求使滑块沿槽滑动的水平力 $F$ 的大小。

2-30  尖劈顶重装置如图 2-65 所示，重物与尖劈间的摩擦因数为 $f_s$，其他有圆辊处为光滑接触，尖劈顶
角为 $\theta$ 且 $\tan\theta > f_s$，被顶举的重物重 $W$，求：

(1) 顶举重物上升所需的 $F$ 值；

(2) 顶住重物使不致下降所需的 $F$ 值。

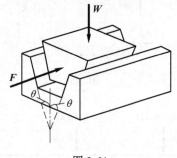

图 2-64

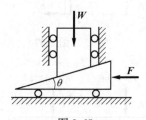

图 2-65

2-31  用夹子把重 $W$ 的重物夹起，如图 2-66 所示。设夹子对重物压力的合
力作用于与 $C$ 点相距 0.15 m 处的 $A$、$B$ 两点，不计夹子自重。问重
物与夹子之间的摩擦因数 $f_s$ 至少要多大，才能把重物夹起？

2-32  图 2-67 所示制动机构中，$r$、$R$、$a$、$b$ 及 $W$ 已知，轮缘与制动杆间
的摩擦因数为 $f_s$，制动块的厚度忽略不计。求机构平衡时 $F$ 的最
小值。

2-33  图 2-68 所示为一凸轮机构。已知推杆与滑道间的摩擦因数为 $f_s$，滑
道宽度为 $b$。问 $a$ 多大，推杆才不致被卡住？设凸轮与推杆接触处
的摩擦忽略不计。

2-34  如图 2-69 所示，构件 1、2 用楔块 3 联结，已知楔块与构件间的摩
擦因数 $f_s = 0.1$，求能自锁的倾斜角 $\theta$。

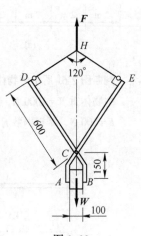

图 2-66

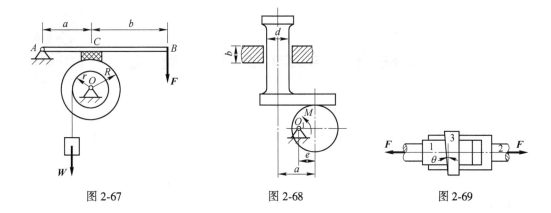

图 2-67　　　　　　　　　　　图 2-68　　　　　　　　　　　图 2-69

# 模块 3  空间力系与重心

模块 3 课件

本模块在介绍力在空间轴上的投影和力对轴之矩的基础上，直接给出空间力系的平衡方程，着重于应用平衡方程求解空间力系的平衡问题。最后介绍物体的重心和形心的概念及计算。

## 知识目标

(1) 认识空间力系的平衡条件，理解空间力系平衡问题的平面解法。

(2) 理解重心与形心的表示方法，掌握重心的几种求法。

## 技能目标

(1) 能够把简单的空间力系平衡问题简化成平面力系平衡问题。

(2) 会用几种方法判断或计算物体的重心。

## 思政课堂

同学们一定还记得我国桥梁专家茅以升老先生写的《赵州桥》这篇科普说明文。小时候读《赵州桥》直接感受到的是赵州桥的雄伟、坚固、美观。现在站在工程力学的角度在互联网上输入"赵州桥中的平面"等关键词，还可以进一步学习赵州桥设计上的特点和其中所蕴含的工程力学知识。通过阅读资料，我们不禁诧异，古代设计的赵州桥圆弧形拱轴线与理论曲线基本吻合。赵州桥纵向 28 道拱券，每一拱券都是一个静定系统，为了使相邻拱石紧紧贴合在一起，在两侧外券相邻拱石之间还通过"腰铁"约束。横向看每一拱券采用了下宽上窄、略有"收分"的方法，使每个拱券向里倾斜，相互挤靠，以防止拱石向外倾倒，形成了稳定的空间力系。主券上还沿桥宽方向均匀设置了 5 个铁拉杆，穿过 28 道拱券，各道券之间的相邻石块也都在拱背穿有"腰铁"，把拱石连锁起来，增强其横向联系。而且每块拱石的侧面都凿有细密斜纹，以增大摩擦力，进一步加强各券横向联系。这些措施使整个大桥连成一个紧密整体，增强了整个大桥的稳定性和可靠性。千年古桥风貌酷似今日按近代工程理论设计的具有优良力学性能的拱桥。赵州桥经过1400 多年的风雨、地震和水冲，并曾一度被火焚烧，迄今仍然完好屹立于蛟河之上，绝非偶然，实乃古人的智慧与实践结晶。

## 相关知识

# *学习情境 3.1  空间力系的平衡

凡各力的作用线不在同一个平面内的力系称为空间力系。例如，用钢绳起吊一块矩形混凝土预制板（见图 3-1），板的重力 $W$ 和绳的拉力 $F_1$、$F_2$、$F_3$、$F_4$ 组成一空间力系。又如，作用于传动轴（见图 3-2）的带轮 $C$ 上的拉力 $F_{T1}$、$F_{T2}$，斜齿轮 $D$ 上的力 $F_t$、$F_r$、$F_a$，轴承 $A$、$B$ 处的反力 $F_{Ax}$、$F_{Ay}$、$F_{Az}$ 及 $F_{Bx}$、$F_{By}$ 构成空间力系。

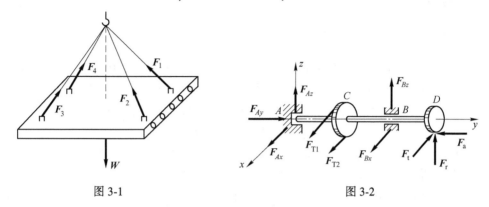

图 3-1　　　　　　　　　　　　　　　　　图 3-2

### 3.1.1　力在空间轴上的投影

根据力在轴上投影的概念，力在空间直角坐标轴上的投影有以下两种计算方法。

（1）一次投影法。若已知力 $F$ 与 $x$、$y$、$z$ 轴正向的夹角 $\alpha$、$\beta$、$\gamma$［见图 3-3（a）］，则力 $F$ 在三个坐标轴上的投影分别为：

$$\left.\begin{array}{l} F_x = F\cos\alpha \\ F_y = F\cos\beta \\ F_z = F\cos\gamma \end{array}\right\} \tag{3-1}$$

（2）二次投影法。若已知角 $\gamma$ 和 $\varphi$［见图 3-3（b）］，则可先将力 $F$ 投影到 $Oxy$ 坐标平面上，得到 $F_{xy}$；再将 $F_{xy}$ 投影到 $x$ 轴和 $y$ 轴上。于是，力 $F$ 在三个坐标轴上的投影可写为：

$$\left.\begin{array}{l} F_x = F_{xy}\cos\varphi = F\sin\gamma\cos\varphi \\ F_y = F_{xy}\sin\varphi = F\sin\gamma\sin\varphi \\ F_z = F\cos\gamma \end{array}\right\} \tag{3-2}$$

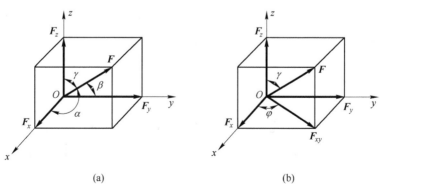

（a）　　　　　　　　　　　　　　　　　（b）

图 3-3

应当指出，力在轴上的投影是代数量，而力在平面上的投影是矢量。这是因为力在平面上的投影有方向问题，故需用矢量来表示。

### 3.1.2　力对轴之矩

#### 3.1.2.1　力对轴之矩的概念

在图 1-4 中，力 $F$ 使扳手绕轴心 $O$ 的转动，实际上是使扳手绕转轴（过 $O$ 点且垂直于图平面）的转动。以 $z$ 轴表示转轴，力 $F$ 使物体绕 $z$ 轴转动的效应，用力 $F$ 对 $z$ 轴之矩 $M_z(F)$ 来度量。当力 $F$ 作用于 $Oxy$ 坐标面内（见图 3-4）时，显然有：

$$M_z(F) = M_O(F) = \pm Fd \tag{3-3}$$

式中，$d$ 为 $O$ 点到力 $F$ 作用线的距离；正负号按右手螺旋法则确定，即以四指表示力矩转向，如大拇指所指方向与 $z$ 轴正向一致则取正号，反之取负号。

当力 $F$ 不作用于 $Oxy$ 坐标面内时，则可将其分解为两个分力：位于 $Oxy$ 内的分力 $F_{xy}$ 和平行于 $z$ 轴的分力 $F_z$（见图 3-5）。经验证明，如果一个力平行于 $z$ 轴，例如，作用于门上的力 $F_1$（见图 3-6），它是不可能使物体绕 $z$ 轴转动的。因此，分力 $F_z$ 对 $z$ 轴之矩等于零。于是，力 $F$ 对 $z$ 轴之矩就等于分力 $F_{xy}$ 对 $z$ 轴之矩，即

$$M_z(F) = M_z(F_{xy}) = \pm F_{xy}d \tag{3-4}$$

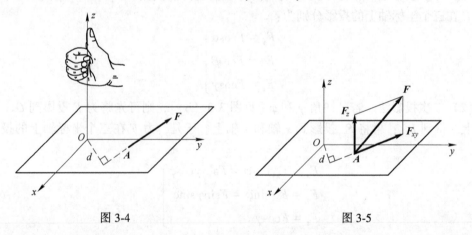

图 3-4　　　　　　　　　　　　　　　　　　图 3-5

综合以上，力对某轴之矩等于此力在垂直于该轴的平面上的投影对于该轴与此平面的交点之矩。力对轴之矩是代数量。

显然，当力与轴平行或相交时，力对轴之矩等于零（见图 3-6）。

#### 3.1.2.2　合力矩定理

空间力系的合力对某一轴之矩等于力系中各分力对同一轴之矩的代数和，即

$$M_z(F_R) = M_z(F_1) + M_z(F_2) + \cdots + M_z(F_n) = \sum M_z(F_i) \tag{3-5}$$

这就是空间力系的合力矩定理。

力对轴之矩除利用定义进行计算外，还常常利用合力矩定理进行计算。

【例 3-1】　正方形板 $ABCD$ 用球铰 $A$ 和铰链 $B$ 与墙壁连接，并用绳索 $CE$ 拉住使其维

持水平位置（见图 3-7）。已知绳索的拉力 $F = 200$ N，求力 $F$ 在 $x$、$y$、$z$ 轴上的投影及对 $x$、$y$、$z$ 轴之矩。

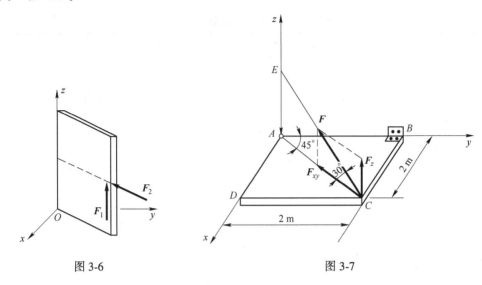

图 3-6          图 3-7

**解：**（1）计算投影。利用二次投影法求力 $F$ 在 $x$、$y$、$z$ 轴上的投影。力 $F$ 在 $Oxy$ 平面上的投影为：

$$F_{xy} = F\cos 30°$$

再将 $F_{xy}$ 向 $x$、$y$ 轴上投影，得：

$$F_x = -F_{xy}\cos 45° = -F\cos 30°\cos 45° = -122.5 \text{ N}$$
$$F_y = -F_{xy}\cos 45° = -F\cos 30°\cos 45° = -122.5 \text{ N}$$

力 $F$ 在 $z$ 轴上的投影为：

$$F_z = F\sin 30° = 100 \text{ N}$$

（2）计算力矩。力 $F$ 与 $z$ 轴相交，它对 $z$ 轴之矩等于零。

$$M_z(F) = 0$$

在计算力 $F$ 对 $x$、$y$ 轴之矩时利用合力矩定理。将力 $F$ 分解为两个分力 $F_{xy}$ 和 $F_z$，因分力 $F_{xy}$ 与 $x$、$y$ 轴都相交，它对 $x$、$y$ 轴之矩都为零，故：

$$M_x(F) = M_x(F_{xy}) + M_x(F_z) = M_x(F_z) = F_z \times (2 \text{ m}) = 200 \text{ N·m}$$
$$M_y(F) = M_y(F_{xy}) + M_y(F_z) = M_y(F_z) = -F_z \times (2 \text{ m}) = -200 \text{ N·m}$$

### 3.1.3 平衡方程及其应用

类似于平面力系，将空间力系向一点简化，并对简化结果进行分析后，可以得到空间力系平衡的必要和充分条件是，各力在三个坐标轴上的投影的代数和以及各力对三个坐标轴之矩的代数和分别等于零。平衡方程为：

$$\left. \begin{array}{l} \sum F_x = 0, \quad \sum F_y = 0, \quad \sum F_z = 0 \\ \sum M_x = 0, \quad \sum M_y = 0, \quad \sum M_z = 0 \end{array} \right\} \tag{3-6}$$

空间力系有六个独立的平衡方程，可以求解六个未知量。

求解空间力系平衡问题的步骤与平面力系相同，即选取研究对象、画受力图、列平衡方程和解方程等四步。

在画受力图时涉及约束力，现将空间常见约束和它们的约束力列成表 3-1，供参考。

**表 3-1　空间常见约束类型及约束力**

| 约束类型 | 简化表示 | 约束反力 |
|---|---|---|
| 球　铰 | | |
| 径向轴承 | | |
| 止推轴承 | | |
| 固定端 | | |

【例 3-2】　齿轮 $C$ 的直径 $d_1 = 240$ mm，压力角 $\theta = 20°$，带轮 $D$ 的直径 $d_2 = 160$ mm，带张力 $F_{T1} = 200$ N、$F_{T2} = 100$ N（见图 3-8）。求传动轴匀速转动时，作用于齿轮上的啮合力 $F$ 和轴承 $A$、$B$ 处的反力。

**解：**取轴 $AB$ 连同齿轮 $C$ 和带轮 $D$ 为研究对象，画出受力图（见图 3-8）。作用于其上的力有啮合力 $F$，带张力 $F_{T1}$、$F_{T2}$，轴承 $A$、$B$ 处的反力 $F_{Ax}$、$F_{Az}$ 和 $F_{Bx}$、$F_{Bz}$，这些力组成一空间力系。列出平衡方程：

$\sum F_x = 0$，$F_{Ax} + F_{Bx} + F\cos 20° = 0$

$\sum F_z = 0$，$F_{Az} + F_{Bz} + F_{T1} + F_{T2} - F\sin 20° = 0$

$\sum M_x = 0$，$-F\sin 20° \times (100 \text{ mm}) + (F_{T1} + F_{T2}) \times (250 \text{ mm}) + F_{Bz} \times (350 \text{ mm}) = 0$

$\sum M_y = 0$，$F\cos 20° \times (120 \text{ mm}) - (F_{T1} - F_{T2}) \times (80 \text{ mm}) = 0$

$\sum M_z = 0$，$-F\cos 20° \times (100 \text{ mm}) - F_{Bx} \times (350 \text{ mm}) = 0$

其中，啮合力 $F$ 对各轴之矩，是先将它分解为 $F_x$ 和 $F_z$，然后根据合力矩定理进行计算的。另外，方程 $\sum F_y = 0$ 自然满足，没有列出。求解以上方程，得：

$F = 71$ N，$F_{Ax} = -47.7$ N，$F_{Az} = -68.4$ N，$F_{Bx} = -19$ N，$F_{Bz} = -207.3$ N

【例 3-3】　悬臂刚架上作用有 $q = 2$ kN·m 的均布载荷，以及作用线分别平行于 $x$ 轴、$y$ 轴的集中力 $F_1$、$F_2$（见图 3-9）。已知 $F_1 = 5$ kN，$F_2 = 4$ kN，求固定端 $A$ 处的反力和反力偶。

**解**：取悬臂刚架为研究对象，画出受力图（见图3-9）。作用于刚架上的力有载荷 $q$、$F_1$、$F_2$，$A$ 处的反力 $F_{Ax}$、$F_{Ay}$、$F_{Az}$，及反力偶 $M_{Ax}$、$M_{Ay}$、$M_{Az}$。列出平衡方程：

$$\sum F_x = 0, \quad F_{Ax} + F_1 = 0$$

$$\sum F_y = 0, \quad F_{Ay} + F_2 = 0$$

$$\sum F_z = 0, \quad F_{Az} - q \times (4 \text{ m}) = 0$$

$$\sum M_x = 0, \quad M_{Ax} - F_2 \times (4 \text{ m}) - q \times (4 \text{ m}) \times (2 \text{ m}) = 0$$

$$\sum M_y = 0, \quad M_{Ay} + F_1 \times (5 \text{ m}) = 0$$

$$\sum M_z = 0, \quad M_{Az} - F_1 \times (4 \text{ m}) = 0$$

解得：

$$F_{Ax} = -5 \text{ kN}, \quad F_{Ay} = -4 \text{ kN}, \quad F_{Az} = 8 \text{ kN}$$

$$M_{Ax} = 32 \text{ kN} \cdot \text{m}, \quad M_{Ay} = -25 \text{ kN} \cdot \text{m}, \quad M_{Az} = 20 \text{ kN} \cdot \text{m}$$

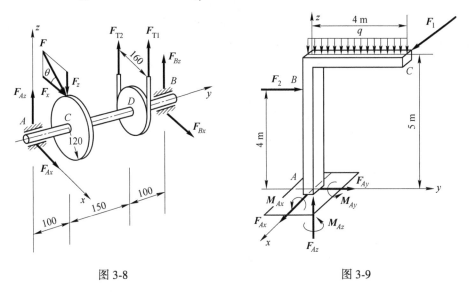

图 3-8　　　　　　　　　　　　　　　　图 3-9

# 学习情境3.2　重心和形心

### 3.2.1　重心的概念

　　地球上的物体都受到地心引力的作用。由于物体的尺寸与地球的半径相比非常小，因此物体内每个微小部分上受到的地心引力组成一个空间平行力系。此平行力系的合力就是物体的重力，合力的作用点称为物体的重心。

　　在工程实际中，确定物体重心的位置是十分重要的。例如，为了保证起重机、水坝等不被倾翻，它们的重心必须在某一规定范围内。又如，一些高速旋转的构件，必须使它的重心尽可能位于转轴上，以免引起强烈振动，甚至造成破坏。

### 3.2.2 重心坐标公式

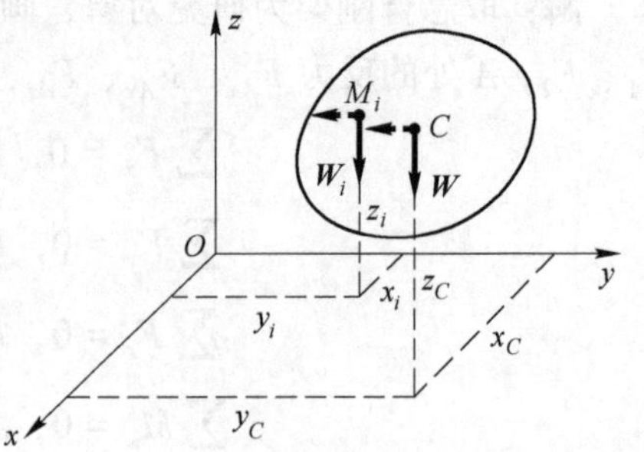

设有一物体（见图 3-10），其任一微小部分 $M_i$ 的重力为 $W_i$，物体的重力就是所有各 $W_i$ 的合力 $W$，$W$ 的大小 $W = \sum W_i$ 则是物体的重量。设物体重心 $C$ 的坐标为 $x_C$、$y_C$、$z_C$，微小部分的坐标为 $x_i$、$y_i$、$z_i$ 分别对 $y$ 轴和 $x$ 轴应用合力矩定理，有：

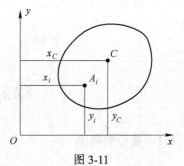

图 3-10

$$x_C \cdot W = \sum x_i \cdot W_i, \quad y_C \cdot W = \sum y_i \cdot W_i$$

若将 $Oxz$ 坐标面作为地面，则各 $W_i$ 及 $W$ 的方向如图 3-10 中虚线段的箭头所示。这时再对 $x$ 轴应用合力矩定理，有

$$z_C \cdot W = \sum z_i \cdot W_i$$

因此，由以上分析可得到重心 $C$ 的坐标为：

$$x_C = \frac{\sum x_i W_i}{W}, \quad y_C = \frac{\sum y_i W_i}{W}, \quad z_C = \frac{\sum z_i W_i}{W} \tag{3-7}$$

若将 $W_i = m_i g$、$W = mg$ 代入式（3-7），则可得：

$$x_C = \frac{\sum x_i m_i}{m}, \quad y_C = \frac{\sum y_i m_i}{m}, \quad z_C = \frac{\sum z_i m_i}{m} \tag{3-8}$$

式中，$m_i$、$m$ 分别为各微小部分和整个物体的质量。

由式（3-8）确定的 $C$ 点称为物体的质心。在均匀重力场内，物体的质心与重心的位置相重合。在重力场之外，物体的重心消失，而质心依然存在。

对于均质物体，单位体积的重量 $\rho$ 为常数，设各微小部分和整个物体的体积分别为 $V_i$、$V$，则有：

$$W_i = \rho \cdot V_i, \quad W = \rho \cdot V$$

代入式（3-7），得到：

$$x_C = \frac{\sum x_i V_i}{V}, \quad y_C = \frac{\sum y_i V_i}{V}, \quad z_C = \frac{\sum z_i V_i}{V} \tag{3-9}$$

式（3-9）表明，均质物体的重心位置完全决定于物体的几何形状，而与物体的重量无关，因此均质物体的重心也称为形心。

对于均质薄板（或平面图形），若取板平面为 $Oxy$ 坐标面（见图 3-11），则其形心坐标为：

图 3-11

$$x_C = \frac{\sum x_i A_i}{A}, \quad y_C = \frac{\sum y_i A_i}{A} \tag{3-10}$$

式中，$A_i$、$A$ 分别为各微小部分和薄板（或平面图形）的面积。

在式（3-10）中，$\sum y_i A_i$ 和 $\sum x_i A_i$ 分别称为平面图形对 $x$、$y$ 轴的静矩，用 $S_x$、$S_y$ 表示。显然有：

$$S_x = y_C A, \quad S_y = x_C A \tag{3-11}$$

由式（3-11）可得到下面的结论：若某轴通过图形的形心，则图形对该轴的静矩必为零；反之，若图形对某轴的静矩为零，则该轴必通过图形的形心。

### 3.2.3 重心和形心位置的求法

#### 3.2.3.1 对称性法

均质物体若具有对称面、对称轴或对称中心，则其重心或形心一定在对称面、对称轴或对称中心上。例如，球心是圆球的对称中心，也是它的重心或形心；矩形的形心在两个对称轴的交点上。

#### 3.2.3.2 积分法

对于简单形状的均质物体，可将式（3-9）与式（3-10）写成积分形式，用积分法计算其重心或形心位置。在有关工程手册中，可查得用此法求出的一些简单形状均质物体的重心位置。几种常用的情况列于表 3-2，以供参考。

**表 3-2 常用简单形状均质物体的重心**

| 图　形 | 重心 | 图　形 | 重心 |
|---|---|---|---|
| 长方形<br> | $x_C = \dfrac{1}{2}b$<br>$y_C = \dfrac{1}{2}h$<br>$A = bh$ | 长方体<br> | $x_C = \dfrac{1}{2}a$<br>$y_C = \dfrac{1}{2}b$<br>$z_C = \dfrac{1}{2}h$<br>$V = abh$ |
| 三角形<br> | $x_C = \dfrac{1}{3}(a+b)$<br>$y_C = \dfrac{1}{3}h$<br>$A = \dfrac{1}{2}bh$ | 半圆球体<br> | $x_C = 0$<br>$y_C = 0$<br>$z_C = \dfrac{3}{8}r$<br>$V = \dfrac{2}{3}\pi r^3$ |
| 半圆<br> | $x_C = 0$<br>$y_C = \dfrac{4r}{3\pi}$<br>$A = \dfrac{1}{2}\pi r^2$ | 正圆锥体<br> | $x_C = 0$<br>$y_C = 0$<br>$z_C = \dfrac{1}{4}h$<br>$V = \dfrac{1}{3}\pi r^2 h$ |

### 3.2.3.3　分割法

分割法是将形状比较复杂的物体分成几个部分，这些部分形状简单，其重心或形心位置已知，然后根据重心坐标公式求出整个物体的重心或形心。

**【例 3-4】** 求 T 形截面（见图 3-12）的形心位置。

**解：** 建立坐标系 $Oxy$，由于截面关于 $y$ 轴对称，形心 $C$ 必在 $y$ 轴上，故 $x_C = 0$。为了求出 $y_C$，将 T 形截面分割为 Ⅰ、Ⅱ 两个矩形，每个矩形的面积及其形心坐标分别为：

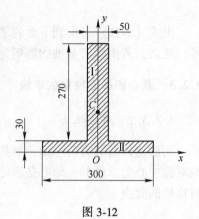

图 3-12

矩形 Ⅰ　$A_1 = 13500$ mm$^2$，$y_1 = 165$ mm

矩形 Ⅱ　$A_2 = 9000$ mm$^2$，$y_2 = 15$ mm

由式（3-10），得：

$$y_C = \frac{\sum y_i A_i}{A} = \frac{y_1 A_1 + y_2 A_2}{A} = 105 \text{ mm}$$

**【例 3-5】** 求偏心块（见图 3-13）的重心位置。已知 $R = 100$ mm，$r = 13$ mm，$b = 17$ mm。

**解：** 建立坐标系 $Oxy$，因为 $y$ 轴为对称轴，重心 $C$ 的坐标 $x_C = 0$，所以只需求 $y_C$。将偏心块分割成三部分：半径为 $R$ 的半圆，半径为 $r+b$ 的半圆以及半径为 $r$ 的小圆。其中小圆是被挖去的部分，它的面积为负值。各部分的面积及其重心坐标分别为：

$$A_1 = \frac{\pi R^2}{2} = 5000\pi，\quad y_1 = \frac{4R}{3\pi} = \frac{400}{3\pi}$$

图 3-13

$$A_2 = \frac{\pi (r+b)^2}{2} = 450\pi，\quad y_2 = -\frac{4(r+b)}{3\pi} = -\frac{40}{\pi}$$

$$A_3 = -\pi r^2 = -169\pi，\quad y_3 = 0$$

由式（3-10），得：

$$y_C = \frac{\sum y_i A_i}{A} = \frac{y_1 A_1 + y_2 A_2 + y_3 A_3}{A_1 + A_2 + A_3} = 39 \text{ mm}$$

### 3.2.3.4　实验法

对于形状复杂或非均质的物体，工程上常采用实验法测定其重心位置。现介绍常用的两种方法。

（1）悬挂法。对于平板形物体或具有对称面的薄零件可采用悬挂法。先将其悬挂于任一点 $A$［见图 3-14（a）］，根据二力平衡公理，重心必在过 $A$ 点的铅直线 $AA'$ 上。再将板悬挂于另外任一点 $B$，同理，画出铅直线 $BB'$［见图 3-14（b）］，则 $AA'$ 与 $BB'$ 的交点 $C$

即为重心。

（2）称重法。对体积较大的物体常用称重法。如连杆，因其具有对称轴 $AB$（见图 3-15），故只要测定其重心 $C$ 的位置 $x_C$ 即可。可先称得连杆的重量 $W$，并量出 $A$、$B$ 间的距离 $l$，再将连杆的一端 $B$ 放在台秤上，另一端 $A$ 放在水平面上，使 $AB$ 处于水平位置，读出 $B$ 端反力 $F_B$，由力矩方程

$$\sum M_A = 0, \quad F_B l - W x_C = 0$$

得：

$$x_C = \frac{F_B l}{W}$$

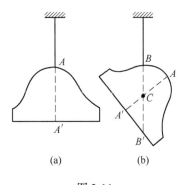

图 3-14

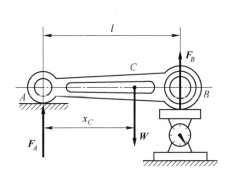

图 3-15

## 思 考 题

3-1 为什么说力在轴上的投影是代数量，而力在平面上的投影是矢量？

3-2 设有一力 $F$，试问在什么情况下有：（1）$F_x = 0$，$M_x(F) = 0$；（2）$F_x = 0$，$M_x(F) \neq 0$；（3）$F_x \neq 0$，$M_x(F) = 0$。

3-3 对于空间汇交力系，其平衡方程只有三个：$\sum F_x = 0$，$\sum F_y = 0$，$\sum F_z = 0$；对于空间平行力系（设各力平行于 $z$ 轴），其平衡方程也只有三个：$\sum F_z = 0$，$\sum M_x(F) = 0$，$\sum M_y(F) = 0$。试说明理由。

3-4 计算一物体重心的位置时，如果选取的坐标系不同，重心的坐标是否改变？重心相对于物体的位置是否改变？

3-5 物体重心的位置是否一定在物体上，试举例说明。

3-6 试说明物体的重心、质心、形心的区别与联系。

## 选 择 题

3-1 试求图 3-16 所示阴影部分的形心面积_____。

    A. $x_C = 0$，$y_C = 7/18\,a$        B. $x_C = 17/18\,a$，$y_C = 7/18\,a$

    C. $x_C = 7/18\,a$，$y_C = 0$         D. $x_C = 0$，$y_C = 17/18\,a$

3-2 选取不同坐标轴计算物体的重心时，所得的重心坐标和重心在物体内的位置为_____。

A. 重心的坐标改变，重心在物体内的位置改变

B. 重心的坐标不改变，重心在物体内的位置改变

C. 重心的坐标改变，重心在物体内的位置不改变

D. 重心的坐标不改变，重心在物体内的位置不改变

3-3　当物体质量分布不均匀，物体重心和几何形心_____。

A. 一定重合　　　　　B. 一定不重合

C. 一般一定重合　　　D. 以上都不对

3-4　一均匀质地等截面直杆的重心在_____。

A. 直杆上半部　　　　B. 直杆上半部

C. 几何形心上　　　　D. 不确定

3-5　空间平衡力系简化结果为_____。

A. 主矢　　　　　B. 主矩　　　　　C. 主矢和主矩　　　　　D. 一合力、合力偶或平衡

图 3-16

习　题

3-1　计算图 3-17 中 $F_1$、$F_2$、$F_3$ 三个力在 $x$、$y$、$z$ 轴上的投影。已知 $F_1 = 2$ kN，$F_2 = 1$ kN，$F_3 = 3$ kN。

3-2　如图 3-18 所示，水平圆轮上 $A$ 处作用一力 $F=1$ kN，$F$ 在铅直平面内，且与过 $A$ 点的圆周之切线夹角为 $60°$，$AO'$ 与 $y$ 轴方向的夹角为 $45°$，$h=r=1$ m。求力 $F$ 在 $x$、$y$、$z$ 轴上的投影及对 $x$、$y$、$z$ 轴的矩。

3-3　如图 3-19 所示，三连杆铰接于 $A$，在 $A$ 点作用一力 $F$。已知 $F=10$ kN，求各连杆的受力。

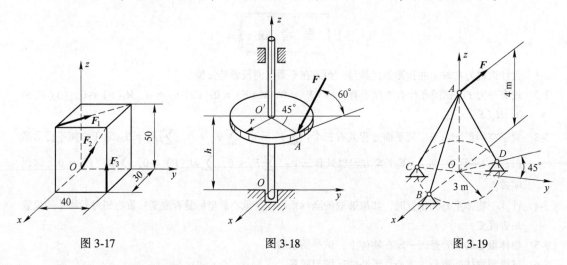

图 3-17　　　　　　　　　　　图 3-18　　　　　　　　　　　图 3-19

3-4　如图 3-20 所示，重 $W$ 边长为 $a$ 的正方形板，在 $A$、$B$、$C$ 三点用三根铅直的绳吊起来，使板保持水平。$B$、$C$ 分别为两条边的中点。求绳子的拉力。

3-5　如图 3-21 所示，水平轴上装有两个凸轮，凸轮上分别作用有已知力 $F_P = 0.8$ kN 和未知力 $F$。如轴平衡，求力 $F$ 的大小和轴承 $A$、$B$ 处的反力。

3-6　如图 3-22 所示，电动机借链条传动而等速提升重 $W$ 的重物，链条与水平线成 $30°$ 角。已知 $r = 100$ mm，$R = 200$ mm，$W = 10$ kN，链条主动边张力 $F_{T1}$ 为从动边张力 $F_{T2}$ 的 2 倍。求轴承 $A$、$B$ 处的反力以及链条拉力。

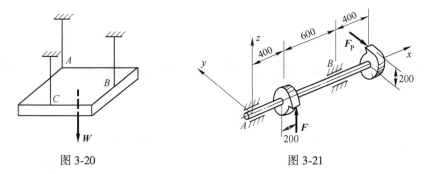

图 3-20                图 3-21

3-7 水涡轮机如图 3-23 所示，驱动力矩 $M_z = 1200$ N·m。在锥齿轮 $B$ 处受到的力分解为三个分力：圆周力 $F_t$、轴向力 $F_a$ 和径向力 $F_r$，且 $F_t : F_a : F_r = 1 : 0.32 : 0.17$。已知水涡轮连同轴和锥齿轮的重力 $W = 12$ kN，锥齿轮的平均半径 $OB = 0.6$。求轴承 $A$、$C$ 处的反力。

3-8 厂房立柱受力如图 3-24 所示。屋顶传来的力 $F_1 = 120$ kN，吊车梁作用于牛腿的力 $F_2 = 300$ kN，水平制动力 $F = 25$ kN，立柱重力 $W = 40$ kN。已知 $e_1 = 0.1$ m，$e_2 = 0.3$ m，$h = 6$ m，求固定端 $O$ 处的反力和反力偶。

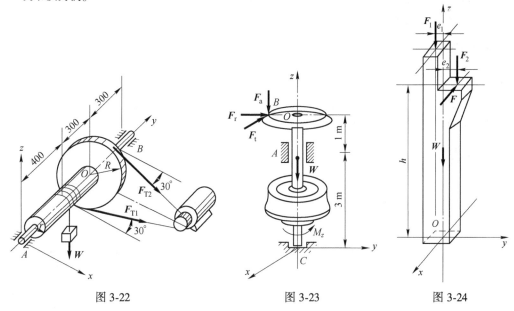

图 3-22                图 3-23                图 3-24

3-9 求图 3-25 所示截面形心的位置。

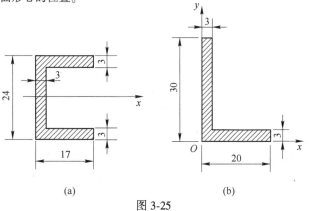

(a)                (b)

图 3-25

# 模块 4　弹性变形体静力分析基础

本模块介绍弹性变形体静力分析中几个重要的基本概念和方法，包括变形固体的基本假设、内力和求内力的截面法、应力、变形与应变以及胡克定律。本模块对主要研究对象杆件的变形形式做了扼要介绍。

## 知识目标

（1）理解变形固体的基本假设。
（2）掌握内力与应力的概念。
（3）理解变形与应变的概念，掌握胡克定律的表示方法。
（4）掌握杆件变形的形式。

## 技能目标

（1）明确研究对象，能够计算内力的大小。
（2）能够应用胡克定律进行简单运算。
（3）会判断杆件变形的四种基本形式。

## 思政课堂

在我国古代，力学发展一直是以民间工匠的智慧作为寄托，未能形成理论体系，只在《梦溪笔谈》《天工开物》《营造法式》等书籍中以经验总结的形式纂述。

我国现代力学发展起步于 19 世纪末、20 世纪初。1906 年 9 月 30 日，詹天佑主持修建的京张铁路全部通车。1909 年，冯如造出我国的第一架飞机。1912 年，罗忠忱回国，开创我国现代工科教育，成为中国工程力学的先驱。1932 年，商务印书馆出版一系列力学书籍，如徐骥著的《应用力学》、张含英著的《水力学》、陆志鸿著的《工程力学》等，这是我国最早的一批工程力学教材和工具书。

自新中国成立以来，力学蓬勃发展。1951 年，中国船舶模型试验研究所在上海成立。1952 年，中国科学技术大学组建力学研究室，同年，周培源设立我国第一个力学专业——数学力学系力学专业。中国科学院于 1954 年和 1956 年分别成立土木建筑研究所和力学研究所。此后，在祖国大地上，各式样、各级别的有关力学的学院、研究所等科研单位如雨后春笋般一个个钻出地面。1955 年，归国的钱学森及四五十年代回国的物理学专家们为这些新近成立的单位注入了充满活力的血液。以茅以升、周培源、钱学森、钱伟长、李四光、郭永怀等为代表的在国际上有着广泛影响的力学泰斗们，成了我国近代力学事业的奠基人。老一代科学家"苟利国家，不求富贵"的爱国精神和奉献精神，激励着一代又一代科技工作者为中华民族伟大复兴踔厉奋发、不断探索。

改革开放后，各类力学报刊创立，如《力学与实践》《空气动力学学报》《固体力学学报》《爆炸与冲击》《工程力学》《实验力学》等，加强了国内国外有关力学的研究成果转化。1980 年，中国空气动力学会成立。1981 年，国际有限元会议在合肥召开。1983 年，中国、日本、美国生物力学国际会议在武汉召开，第二届亚洲流体力学会议在北京召开。1985 年，首届国际非线性力学会议在上海召开。国际交流的加强，一定程度上促进了我国力学的发展。直至今日，力学的研究制度、条文等都得到了长足发展，渐渐地走向成熟。2007 年"嫦娥一号"卫星的成功发射，2008 年"神舟七号"载人飞船的成功发射，2009 年三峡工程全部完工，以及京沪高铁、青藏铁路、港珠澳大桥等其他力学领域的成功应用无不展示着我国工程力学日臻完善的理论体系和日趋稳固的国际地位。

### 相关知识

# 学习情境 4.1　变形固体的基本假设

当研究构件的强度、刚度和稳定性问题时，由于这些问题与构件的变形密切相关，因此必须把构件看作是变形固体。变形固体在外力作用下发生的变形可分为弹性变形和塑性变形两类。在外力撤去后能消失的变形称为弹性变形，不能消失而遗留下的称为塑性变形。当所受外力不超过一定限度时，绝大多数工程材料在外力撤去后，其变形可完全消失。具有这种变形性质的变形固体称为完全弹性体。当所受外力撤去后，其变形可部分消失，而遗留一部分不能消失的变形，这种变形固体称为部分弹性体。本书只研究完全弹性体。

工程中使用的固体材料是多种多样的，而且其微观结构和力学性能也各不相同，为了使问题简化，通常对变形固体作如下基本假设：

（1）连续性假设，即认为组成固体的物质毫无间隙地充满物体的几何容积；

（2）均匀性假设，即认为固体各部分的力学性能是完全相同的；

（3）各向同性假设，即认为固体沿各个方向的力学性能都是相同的。

实际上，一般的固体内部均存在不同程度的空隙，但这种空隙的大小与构件尺寸相比是极其微小的，可以略去不计。从微观上看，材料的各处、各方向的性能是有差异的。例如，就工程中使用最多的金属材料来说，组成金属物体的各晶粒及单一晶粒沿不同方向的力学性能并不完全相同，但因构件或构件的任一部分中都包含极多的晶粒，且又杂乱无章地排列，按统计学的观点可认为金属材料的力学性能是均匀、各向同性的。试验结果表明，根据这些假设得到的理论，基本符合工程实际。

本书只限于分析构件的小变形。所谓小变形是指构件的变形量远小于其原始尺寸。因此，在确定构件的平衡和运动时，可不计其变形量，仍按原始尺寸进行计算，从而简化了计算过程。

# 学习情境 4.2　内力与应力

### 4.2.1　内力的概念

构件在未受外力作用时，其内部各部分之间存在着相互作用的力，以维持它们之间的联系，保持构件的形状。当构件受到外力的作用而变形时，其内部各部分之间的相对位置发生变化，因而它们的相互作用力也发生改变。这种由于外力作用而引起的构件内部各部分之间的相互作用力的改变量，称为附加内力，简称内力。内力随外力的增加而加大，当到达某一限度时就会引起构件的破坏，因而它与构件的强度是密切相关的。

### 4.2.2 截面法

求构件内力的基本方法是截面法。截面法的步骤如下：

（1）截开。沿需要求内力的截面假想地把构件截开，分成两部分。

（2）代替。任取其中的一部分（一般取受力较简单的部分）为研究对象，弃去另一部分。按照连续性假设，内力应连续分布于整个切开的截面上，将该分布内力系向截面上某一点简化后得到内力的主矢和主矩（以后就称它为截面上的内力），并用它代替弃去部分对留下部分的作用。

（3）平衡。列出留下部分的平衡方程，求出未知内力。

**【例 4-1】** 求构件 ［见图 4-1（a）］ $m$—$m$ 截面上的内力。

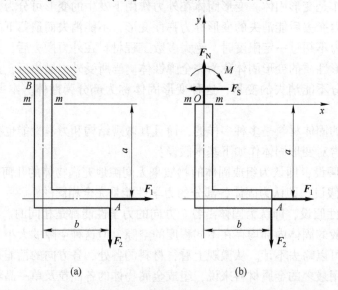

(a)           (b)

图 4-1

**解：** 假想沿截面 $m$—$m$ 把构件截开，取构件的下半部分为研究对象。在构件 $A$ 端作用的外力有 $F_1$ 和 $F_2$。欲使下半部分保持平衡，则 $m$—$m$ 截面上必有内力作用。显然，内力是水平方向的力 $F_S$、铅直方向的力 $F_N$ 和力偶 $M$ ［见图 4-1（b）］。列出平衡方程：

$$\sum F_S = 0 , \quad F_1 - F_S = 0$$

得：
$$F_1 = F_S$$

$$\sum F_y = 0 , \quad F_N - F_2 = 0$$

得：
$$F_N = F_2$$

$$\sum M_O = 0 , \quad F_1 a - F_2 b - M = 0$$

得：
$$M = F_1 a - F_2 b$$

### 4.2.3  应力

构件某一截面上的内力是分布内力系的主矢和主矩，它只表示截面上总的受力情况，还不能说明分布内力系在截面上各点处的密集程度（简称集度）。为了解决构件的强度问题，还必须研究截面上内力分布的集度。例如，实践证明，两根材料相同的拉杆，一根较粗、一根较细，二者承受相同的拉力，当拉力同步增加时，细杆将先被拉断。这表明，虽然两杆截面上的内力相等，但内力的分布集度并不相同，细杆截面上内力分布的集度比粗杆截面上的集度大。所以，在材料相同的情况下，判断杆件破坏的依据不是内力的大小，而是内力分布的集度。为此，引入应力的概念。

设在受力构件的 $m$—$m$ 截面上，围绕 $M$ 点取微面积 $\Delta A$［见图 4-2（a）］，$\Delta A$ 上分布内力的合力为 $\Delta F$，则在 $\Delta A$ 范围内的单位面积上内力的平均集度为：

$$P_m = \frac{\Delta F}{\Delta A}$$

式中，$P_m$ 称为 $\Delta A$ 上的平均应力。

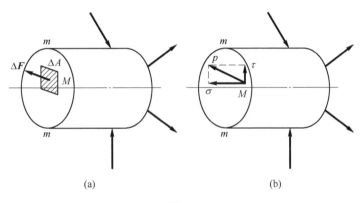

(a)                              (b)

图 4-2

为消除所取面积 $\Delta A$ 大小的影响，可令 $\Delta A$ 趋于零，取极限，这样得到：

$$\boldsymbol{P} = \lim_{\Delta A \to 0} P_m = \lim_{\Delta A \to 0} \frac{\Delta F}{\Delta A} = \frac{\mathrm{d}F}{\mathrm{d}A}$$

式中，$\boldsymbol{P}$ 称为 $M$ 点处的应力。

$\boldsymbol{P}$ 是一个矢量，一般既不与截面垂直，也不与截面相切。通常把应力 $\boldsymbol{P}$ 分解成垂直于截面的法向分量 $\sigma$ 和与截面相切的切向分量 $\tau$［见图 4-2（b）］。$\sigma$ 称为 $M$ 点处的正应力，$\tau$ 称为 $M$ 点处的切应力。

应力的单位为 Pa（帕斯卡），1 Pa = 1 N/m²。工程实际中常采用帕的倍数：kPa（千帕）、MPa（兆帕）和 GPa（吉帕），其关系为：

$$1\ \text{kPa} = 1 \times 10^3\ \text{Pa}$$
$$1\ \text{MPa} = 1 \times 10^6\ \text{Pa}$$
$$1\ \text{GPa} = 1 \times 10^9\ \text{Pa}$$

# 学习情境 4.3　变形与应变

构件在外力作用下，其几何形状和尺寸的改变，统称为变形。一般来说，构件内各点处的变形是不均匀的。因此，为了研究构件的变形以及截面上的应力分布规律，就必须研究构件内各点处的变形。

围绕构件内 $M$ 点取一微小正六面体 [见图 4-3（a）]，设其沿 $x$ 轴方向的棱边长为 $\Delta x$，变形后边长为 $\Delta x+\Delta u$，$\Delta u$ 称为 $\Delta x$ 的线变形。比值

$$\varepsilon_{\mathrm{m}} = \frac{\Delta u}{\Delta x}$$

称为线段 $\Delta x$ 的平均线应变。当 $\Delta x$ 趋近于零时，平均线应变的极限值称为 $M$ 点处沿 $x$ 方向的线应变，用 $\varepsilon_x$ 表示，即

$$\varepsilon_x = \lim_{\Delta x \to 0} \frac{\Delta u}{\Delta x} = \frac{\mathrm{d}u}{\mathrm{d}x}$$

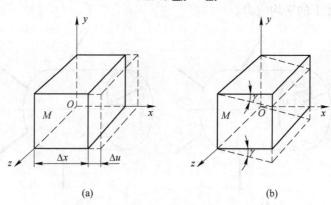

(a)　　　　　　　　　　　　(b)

图 4-3

同样可定义 $M$ 点处沿 $y$ 和 $z$ 方向的线应变 $\varepsilon_y$ 和 $\varepsilon_z$。

当构件变形后，上述正六面体除棱边的长度改变外，原来互相垂直的平面，例如 $Oxz$ 平面与 $Oyz$ 平面间的夹角也可能发生改变 [见图 4-3（b）]，直角的改变量 $\gamma$ 称为 $M$ 点处的切应变。

线应变 $\varepsilon$ 和切应变 $\gamma$ 是度量构件内一点处变形程度的两个基本量，$\varepsilon$ 是量纲为 1 的量，$\gamma$ 的单位是 rad（弧度）。

试验表明，当正应力 $\sigma$ 未超过某一极限值时，正应力 $\sigma$ 与其相应的线应变 $\varepsilon$ 成正比。引入比例常数 $E$，则可得到：

$$\sigma = E\varepsilon \tag{4-1}$$

式（4-1）称为胡克定律。式中的比例常数 $E$ 称为弹性模量。它与材料的力学性能有关，是衡量材料抵抗弹性变形能力的一个指标。对于同一材料，弹性模量 $E$ 为常数。$E$ 的数值随材料而异，可由试验测定。弹性模量 $E$ 的单位与应力的单位相同。

试验还表明，当切应力 $\tau$ 未超过某一极限值时，切应力 $\tau$ 与其相应的切应变 $\gamma$ 成正比。引入比例常数 $G$，则可得到：

$$\tau = G \cdot \gamma \tag{4-2}$$

式（4-2）称为剪切胡克定律。式中的比例常数 $G$ 称为切变模量。它也与材料的力学性能有关。对于同一材料，切变模量 $G$ 为常数。$G$ 的单位与应力的单位相同。

# 学习情境 4.4　杆件变形的形式

当外力以不同的方式作用于杆件时，杆件将产生不同形式的变形。这些变形通常可归结为下列四种基本形式：

（1）轴向拉伸与压缩。在一对大小相等、方向相反的轴向外力作用下，杆件主要发生沿轴向的伸长或缩短（见图 4-4）。

（2）剪切。在一对相距很近、大小相等、方向相反的横向外力作用下，杆件的相邻横截面发生相对错动（见图 4-5）。

（3）扭转。在一对大小相等、方向相反、作用面垂直于杆轴的外力偶作用下，杆件的任意两个横截面发生相对转动（见图 4-6）。

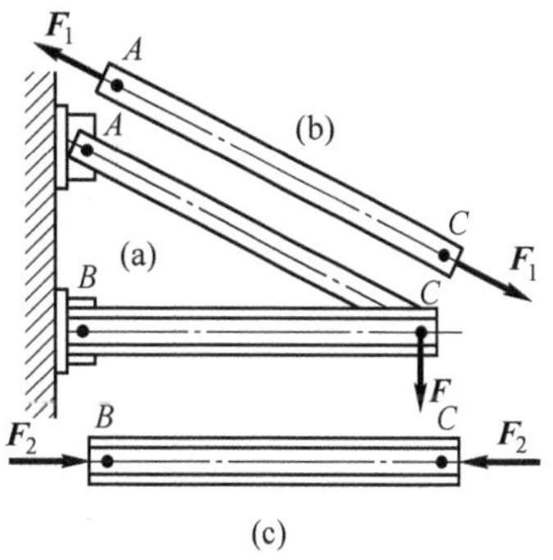

（4）弯曲。在一对大小相等、方向相反、作用于通过杆轴的平面内的外力偶作用下，杆件的轴线变为曲线（见图 4-7）。在横向外力作用下发生的弯曲变形，也称为横力弯曲（见图 4-8）。

图 4-4

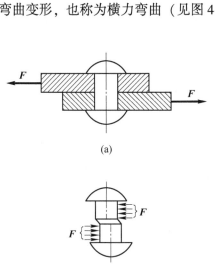

图 4-5

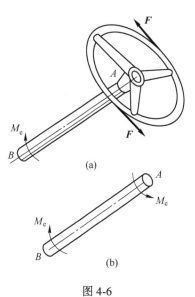

图 4-6

实际杆件的变形是多种多样的，可能只是某一种基本变形，也可能是两种或两种以上基本变形的组合，称为组合变形。例如，图 4-9 所示杆件，同时发生扭转变形和弯曲变形。

图 4-7

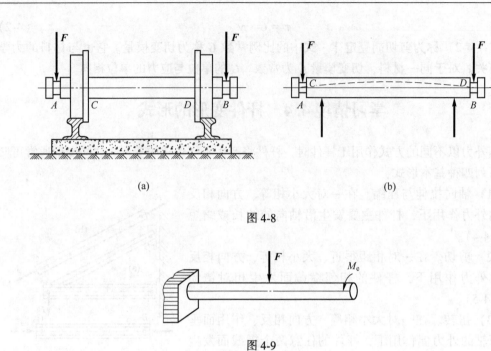

图 4-8

图 4-9

4-1  指出下列概念的区别：（1）刚体与变形固体；（2）弹性变形与塑性变形；（3）完全弹性体与部分弹性体；（4）内力与应力；（5）变形与应变。

4-2  为什么要引入应力的概念？

4-3  应力是矢量还是标量，为什么？

4-4  钢的弹性模量 $E=200$ GPa，铝的弹性模量 $E=71$ GPa。试比较在正应力相同的情况下，哪种材料的线应变大？在相同线应变的情况下，哪种材料的正应力大？

4-5  试就日常生活所见，列举杆件变形的一些例子。

选 择 题

4-1  构件受力发生变形，当外力去掉后，又恢复原来形状和尺寸的性质，称为_____。

    A. 刚性　　　　　　　B. 弹性　　　　　　　C. 塑性　　　　　　　D. 稳定性

4-2  各向同性假设是指材料在各个方向_____。

    A. 应力相等　　　　　B. 应变相等　　　　　C. 受力相同　　　　　D. 具有相同的强度

4-3  均匀、连续性假设是指构件内各点_____。

    A. 具有相同的内力　B. 具有相同的变形　C. 具有相同的强度　D. 具有相同的位移

4-4  关于内力，下列结论中_____是正确的.

    A. 内力是分子间的结合力　　　　　　　B. 内力可以是力也可以是力偶

    C. 内力是应力的代数和　　　　　　　　D. 内力可分为分布内力和集中内力

4-5  关于应力，下列结论中_____是正确的。

    A. 应力分为正应力和切应力　　　　　　B. 应力是内力的平均值

　　C. 同一截面上各点处的正应力相同　　　　D. 同一截面上各点处的切应力方向相同

4-6　受力构件，一点的位移_____。

　　A. 可分为线位移和角位移　　　　　　　　B. 可以是线位移或角位移

　　C. 可能是线位移，但不存在角位移　　　　D. 可以是角位移，但不存在线位移

4-7　构件各点均无位移时，_____。

　　A. 必定无变形　　　　B. 可能有线变形　　　C. 可能无变形　　　　D. 可能有角变形

4-8　截面法是分析杆件_____的基本方法。

　　A. 应变　　　　　　　B. 应力　　　　　　　C. 内力　　　　　　　D. 位移

4-9　构件各点的应变为零时，_____。

　　A. 必定无位移　　　　B. 必定有位移　　　　C. 可能有变形　　　　D. 不一定无位移

4-10　图 4-10 所示单元体受力变形后如虚线所示，单元体的切应变为_____。

　　A. α　　　　　　　　　B. 90°−α　　　　　　　C. 2α　　　　　　　　D. 0

图 4-10

## 习　题

4-1　求图 4-11 所示杆件各指定截面上的内力。

4-2　如图 4-12 所示，轴向拉伸试样上 $A$、$B$ 两点间的距离 $l$ 称为标距。受拉力作用后，用变形仪量出两点间距离的增量为 $\Delta l = 5 \times 10^{-2}$ mm。若 $l$ 的原长为 100 mm，求试样的平均线应变 $\varepsilon_m$。

4-3　用电阻应变仪测得轴向拉伸试样的线应变 $\varepsilon = 4 \times 10^{-4}$，已知试样材料钢的弹性模量 $E = 200$ GPa，试用胡克定律求试样的正应力。

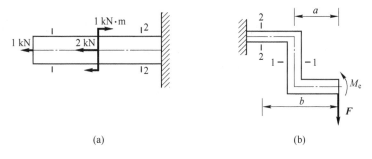

(a)　　　　　　　　　　　　　　　　　　(b)

图 4-11

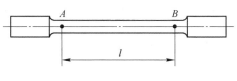

图 4-12

# 模块 5　杆件的内力分析

本模块介绍杆件在拉压、扭转以及弯曲时的内力计算和内力图的绘制。本模块内容是对杆件进行强度、刚度与稳定性计算的基础。

## ◈ 知识目标

（1）掌握杆件在轴向拉伸与压缩变形时轴力的求法。
（2）理解杆件在扭转时内力的分析，掌握传动轴上的外力偶矩的计算公式。
（3）理解杆件弯曲时内力的分析，掌握内力正负号的意义。

## ☑ 技能目标

（1）会用截面法计算内力。
（2）能画内力图。
（3）能根据内力正负号判断杆件的变形形式。

## ☰ 思政课堂

我国早在东汉时期，就对内力有所认识。《论衡》"效力篇"中对力的作用进行了研究和探讨，书中明确指出：力是改变物体运动状态的原因。在实际观察中，王充认识到外来的力能使物体产生运动，但内力不能使物体运动。他指出"力重不能自称，须人乃举""古之多力者，身能负荷千钧，手能决角伸钩，使之自举不能离地"。

《论衡》是我国东汉时期的书籍，包含极为丰富的科学知识和对当时科学成就的论述，其涵盖的科学知识范围相当广泛，包括天文、数学、农学、生物、地理、医学、物理、化学等诸多学科内容。仅就物理而言，又涉及力学、热学、声学、电磁学等内容。王充在《论衡》中对运动的快慢、力与运动、物体与运动、内力与外力的关系等进行了叙述。虽然王充的论述只是停留在经验状态，还没有上升到理论高度，但是可以看出他的分析是很深刻的。

## ▤ 相关知识

### 学习情境 5.1　杆件拉（压）时的内力分析

工程实际中经常遇到承受轴向拉伸或压缩的构件，如内燃机中的连杆［见图 5-1 (a)］、钢木组合桁架中的钢拉杆［见图 5-1 (b)］等。

承受轴向拉伸或压缩的杆件称为拉（压）杆。虽然实际拉（压）杆的形状、加载和连接方式各不相同，但都可简化成图 5-2 所示的计算简图。它们的共同特点是：作用于杆

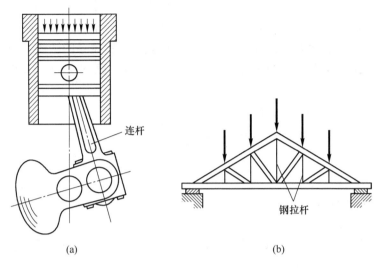

(a)　　　　　　　　(b)

图 5-1

件上的外力的合力作用线与杆件轴线重合，杆件的主要变形是沿轴线方向的伸长或缩短。

现以图 5-3（a）所示拉杆为例，求其任意横截面 $m—m$ 上的内力。应用截面法，假想地沿 $m—m$ 截面把杆截开，取左段为研究对象 [见图 5-3（b）]，列出平衡方程：

$$\sum F_x = 0, \ F_N - F = 0$$

得：

$$F_N = F$$

由于内力 $F_N$ 的作用线与杆的轴线重合，因此 $F_N$ 称为轴力。若取右段为研究对象 [见图 5-3（c）]，同样可求得轴力 $F_N = F$，但其方向与用左段求出的轴力方向相反。为了使两种算法得到的同一截面上的轴力不仅数值相等，而且符号相同，规定轴力的正负号如下：当轴力的方向与横截面的外法线方向一致时，杆件受拉伸长，轴力为正；反之，杆件受压缩短，轴力为负。在计算轴力时，通常未知轴力按正向假设。若计算结果为正，则表示轴力的实际指向与所设指向相同，轴力为拉力；若计算结果为负，则表示轴力的实际指向与所设指向相反，轴力为压力。

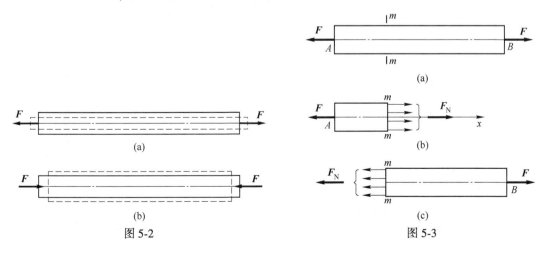

图 5-2　　　　　　　　　　　　图 5-3

实际问题中，杆件所受外力较复杂，这时杆件各部分的横截面上的轴力不尽相同。为了表示轴力随横截面位置的变化情况，用平行于杆件轴线的坐标表示横截面的位置，以垂直于杆轴线的坐标表示轴力的数值，绘出轴力与横截面位置关系的图线，即为轴力图。

**【例 5-1】** 试绘制直杆 [见图 5-4 （a）] 的轴力图。已知 $F_1 = 20$ kN，$F_2 = 12$ kN，$F_3 = 26$ kN。

**解：** （1）求支座反力。由杆 $AD$ 的平衡方程 $\sum F_x = 0$，可求得支座反力 $F_D = 18$ kN。

（2）求横截面 1—1、2—2、3—3 上的轴力。由于在横截面 $B$ 和 $C$ 上作用有外力，因此需将杆分为 $AB$、$BC$、$CD$ 三段。应用截面法，假想地沿 1—1 截面把杆截开，取受力较简单的右段为研究对象 [见图 5-4 （b）]，列出平衡方程：

$$\sum F_x = 0, \quad F_1 - F_{N1} = 0$$

得：

$$F_N = F = 20 \text{ kN}$$

同理，分别取 2—2 截面的右段和 3—3 截面的左段为研究对象 [见图 5-4 （c）、（d）]，可求得：

$$F_{N2} = F_1 - F_2 = 8 \text{ kN}$$
$$F_{N3} = -F_D = -18 \text{ kN}$$

$F_{N3}$ 为负值，说明 $F_{N3}$ 的指向与假设的方向相反，即 $F_{N3}$ 为压力。

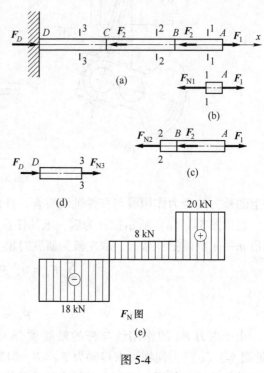

图 5-4

（3）绘制轴力图。根据所求得的轴力值，绘制轴力图如图 5-4 （e）所示。由图中看出 $F_{N\max} = 20$ kN，发生在 $AB$ 段内各横截面上。

# *学习情境 5.2　杆件扭转时的内力分析

工程实际中，有很多承受扭转的杆件，如汽车驾驶盘轴 [见图 4-6 （a）]、钻探机的钻杆 [见图 5-5 （a）]、机器中的传动轴 [见图 5-5 （b）] 等。这些杆件都是两端作用两个大小相等、方向相反且作用平面垂直于杆件轴线的力偶，致使杆件的任意两个横截面之间都发生绕轴线的相对转动，这种变形称为扭转变形。以扭转为主要变形的杆件称为轴。其计算简图如图 5-6 所示。扭转变形用两个横截面绕轴线的相对扭转角 $\varphi$ 表示。

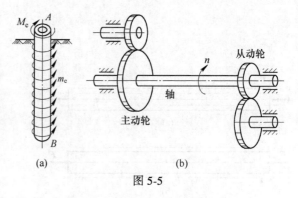

图 5-5

图 5-6

### 5.2.1 外力偶矩的计算

工程中作用于传动轴上的外力偶矩往往不是直接给出的，而是给出轴所传递的功率和轴的转速。它们之间的换算关系为：

$$|M_e| = 9549 \frac{|P|}{|n|} \qquad (5-1)$$

式中，$M_e$ 为轴所受的外力偶矩，$N \cdot m$；$P$ 为轴传递的功率，$kW$；$n$ 为轴的转速，$r/min$。

### 5.2.2 扭矩与扭矩图

在作用于轴上的所有外力偶矩都求出后，即可应用截面法求横截面上的内力。例如，为求圆轴［见图 5-7（a）］ $m—m$ 横截面上的内力，可假想地沿 $m—m$ 截面把圆轴截开，取左段为研究对象［见图 5-7（b）］，为保持左段平衡，$m—m$ 截面上必然存在一个内力偶矩 $T$。列出平衡方程：

$$\sum M_x = 0, \quad T - M_e = 0$$

得

$$T = M_e$$

$T$ 称为 $m—m$ 截面上的扭矩。

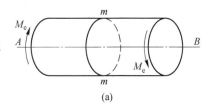

(a)

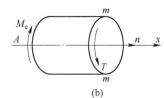

(b)

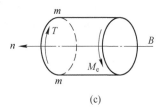

(c)

图 5-7

如果取右段为研究对象［见图 5-7（c）］，仍然可以求得 $T = M_e$，但其方向则与用左段求出的扭矩方向相反。为了使两种算法得到的同一截面上的扭矩不仅数值相等，而且符号相同，对扭矩 $T$ 的正负号规定如下：按右手螺旋法则，让四个指头与扭矩 $T$ 的转向一致，大拇指伸出的方向与截面的外法线方向一致时，$T$ 为正（见图 5-8）；反之为负。显然图 5-7 所示 $m—m$ 截面上的扭矩为正。

与求轴力的方法类似，用截面法计算扭矩时，通常先假设扭矩为正，然后根据计算结果的正负确定扭矩的实际方向。若作用于轴上的外力偶矩多于两个，与拉伸（压缩）问题中绘制轴力图相仿，以横坐标表示横截面的位置，纵坐标表示相应截面上的扭矩，用图线来表示各横截面上扭矩沿轴线变化的情况。这样的图线称为扭矩图。

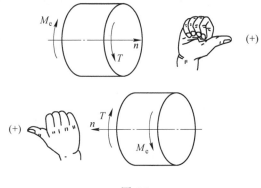

图 5-8

【例 5-2】 传动轴［见图 5-9（a）］的转速 $n = 150$ r/min；$A$ 处为主动轮，输入功率 $P_A = 70$ kW，$B$、$C$、$D$ 处为从动轮，输出功率分别为 $P_B = 30$ kW、$P_C = P_D = 20$ kW。试绘制该轴的扭矩图。

**解：**（1）计算外力偶矩。根据式（5-1），作用于各轮上的外力偶矩分别为：

$$M_{eA} = 9549 \frac{P_A}{n} = 4.46 \text{ kN} \cdot \text{m}$$

$$M_{eB} = 9549 \frac{P_B}{n} = 1.91 \text{ kN} \cdot \text{m}$$

$$M_{eC} = M_{eD} = 9549 \frac{P_C}{n} = 1.27 \text{ kN} \cdot \text{m}$$

（2）计算扭矩。需将轴分为 $AB$、$AC$ 和 $CD$ 三段，逐段计算扭矩。应用截面法，假想地沿 1—1 截面把轴截开，取左段为研究对象 [见图 5-9（b）]，列出平衡方程：

$$\sum M_x = 0,\ T_1 + M_{eB} = 0$$

得：

$$T_1 = -M_{eB} = -1.91 \text{ kN} \cdot \text{m}$$

$T_1$ 为负值，说明 $T_1$ 的方向与假设的方向相反。

同理，分别取 2—2 截面的左段和 3—3 截面的右段为研究对象 [见图 5-9（c）、（d）]，可求得：

$$T_2 = M_{eA} - M_{eB} = 2.55 \text{ kN} \cdot \text{m}$$

$$T_3 = -M_{eD} = 1.27 \text{ kN} \cdot \text{m}$$

（3）绘制扭矩图。根据以上计算结果，绘出扭矩图 [见图 5-9（e）]。由图看出，最大扭矩发生在 $AC$ 段各截面上，其值为 $T_{\max} = 2.55 \text{ kN} \cdot \text{m}$。

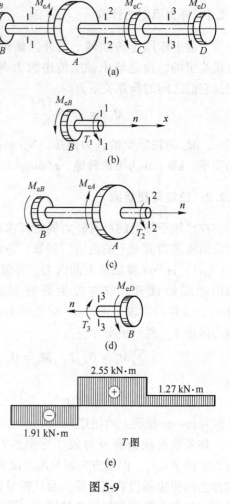

图 5-9

### 5.2.3　轴扭转变形时横截面上的剪应力

由式（5-2）胡克定律可知，切应力与切应变的关系为 $\tau = G \cdot \gamma$，进一步分析可得：

$$\tau = \frac{T \cdot \rho}{I_P} \tag{5-2}$$

式中，$T$ 为扭矩；$\rho$ 为到轴线距离；$I_P$ 只与截面的尺寸有关，称为截面的极惯性矩。显然，$\rho$ 等于横截面半径时，剪应力达到最大。

# 学习情境 5.3　杆件弯曲时的内力分析

### 5.3.1　平面弯曲的概念

工程中存在大量受弯曲的杆件，如桥式起重机的大梁 [见图 5-10（a）]、闸门的立柱 [见图 5-10（b）] 等。在通过杆轴平面内的外力偶作用下，或在垂直于杆轴的横向力作用下，杆的轴线将弯成曲线，这种变形称为弯曲变形。以弯曲为主要变形的杆件称为梁。

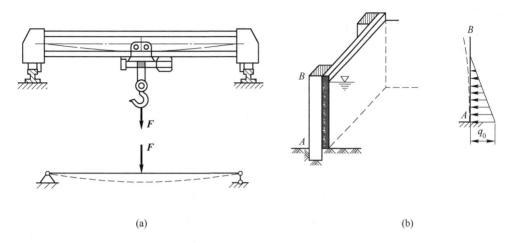

(a)　　　　　　　　　　　　　　　　　(b)

图 5-10

工程问题中，大多数梁的横截面都有一根竖向对称轴（见图 5-11）。梁的轴线与横截面的竖向对称轴构成的平面称为梁的纵向对称面。如果作用于梁上的所有外力都在纵向对称面内，则变形后梁的轴线也将在此对称平面内弯曲成一条平面曲线（见图 5-12）。这种弯曲称为平面弯曲。本书主要研究平面弯曲问题。

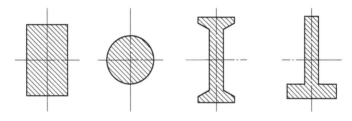

图 5-11

梁的支座和载荷有各种情况，为得到便于分析的计算简图，需对梁进行以下三方面的简化：

（1）梁本身的简化。不论梁的截面形状如何复杂，通常用梁的轴线来代替实际的梁。

（2）载荷的简化。作用于梁上的载荷一般可以简化为集中载荷或分布载荷。

（3）支座的简化。按支座对梁的约束不同，支座可简化为活动铰支座、固定铰支座或固定端。

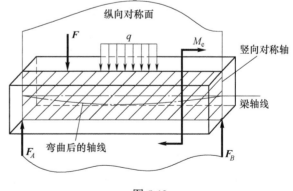

图 5-12

根据支座情况，静定梁可分为三种基本形式：

（1）悬臂梁，即一端固定，另一端自由的梁［见图 5-13（a）］；

（2）简支梁，即一端为固定铰支座，另一端为活动铰支座的梁［见图 5-13（b）］；

（3）外伸梁，即一端或两端伸出支座之外的简支梁［见图 5-13（c）］。

在平面弯曲问题中，梁上的载荷与支座反力组成一平面力系，该力系有三个独立的平衡方程。悬臂梁、简支梁和外伸梁各自恰好有三个未知的支座反力，它们可由静力平衡方程求出。

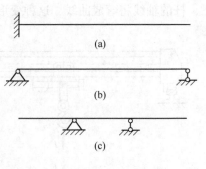

图 5-13

### 5.3.2　剪力和弯矩

确定了梁上所有载荷与支座反力后，就可进一步研究其横截面上的内力。

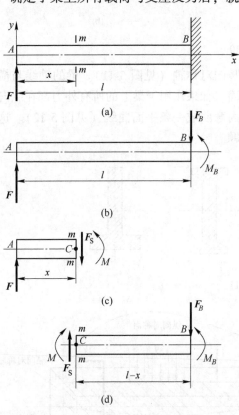

图 5-14

以悬臂梁［见图 5-14（a）］为例，其上作用有载荷 $F$，由平衡方程可求出固定端 $B$ 处的支座反力为 $F_B = F$，$M_B = Fl$［见图 5-14（b）］。求横截面 $m$—$m$ 上的内力时，应用截面法假想地沿横截面 $m$—$m$ 将梁截成两段，取左段为研究对象［见图 5-14（c）］，为保持左段平衡，作用于左段上的力除载荷 $F$ 外，在横截面 $m$—$m$ 上必定有内力 $F_S$ 和 $M$。列出平衡方程：

$$\sum F_y = 0, \quad F - F_S = 0$$

得：

$$F_S = F$$

$$\sum M_C = 0, \quad M - Fx = 0$$

得：

$$M = Fx$$

$F_S$ 和 $M$ 分别称为剪力和弯矩。

如取右段为研究对象［见图 5-14（d）］，同样可以求得 $F_S$ 和 $M$，且数值与上述结果相等，只是方向相反。

为了使两种算法得到的同一截面上的剪力和弯矩不仅数值相等，而且符号相同，对剪力和弯矩的正负号做如下规定：凡剪力对所取微段梁内任一点的力矩是顺时针转向的为正［见图 5-15（a）］，反之为负［见图 5-15（b）］；凡弯矩使所取微段梁产生上凹下凸弯曲变形的为正［见图 5-15（c）］；反之为负［见图 5-15（d）］。

根据上述正负号规定，图 5-14（c）、（d）所示情况中横截面，$m$—$m$ 上的剪力和弯矩均为正号。

与求轴力和扭矩相类似，横截面上的剪力和弯矩通常按正向假设，根据计算结果的正

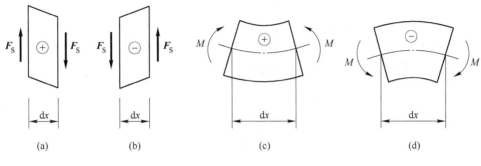

图 5-15

负确定它们的实际方向。

【例 5-3】　求简支梁［见图 5-16（a）］横截面 1—1、2—2、3—3 上的剪力和弯矩。

**解：**（1）求支座反力。由梁的平衡方程，求得支座反力为：

$$F_A = F_B = 10 \text{ kN}$$

（2）求横截面 1—1 上的剪力和弯矩。假想地沿横截面 1—1 把梁截成两段，取左段为研究对象［见图 5-16（b）］，列出平衡方程：

$$\sum F_y = 0, \quad F_A - F_{S1} = 0$$

得：

$$F_{S1} = F_A = 10 \text{ kN}$$

$$\sum M_C = 0, \quad M_1 - F_A \times (1 \text{ m}) = 0$$

得：

$$M_1 = F_A \times (1 \text{ m}) = 10 \text{ kN} \cdot \text{m}$$

由计算结果知，$F_{S1}$ 为正剪力，$M_1$ 为正弯矩。

（3）求横截面 2—2 上的剪力和弯矩。假想地沿横截面 2—2 把梁截成两段，取左段为研究对象［见图 5-16（c）］，列出平衡方程：

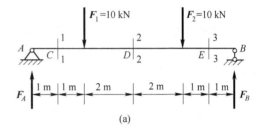

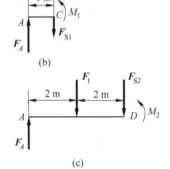

图 5-16

$$\sum F_y = 0, \quad F_A - F_1 - F_{S2} = 0$$

得：

$$F_{S2} = F_A - F_1 = 0$$

$$\sum M_D = 0, \quad M_2 - F_A \times (4 \text{ m}) + F_1 \times (2 \text{ m}) = 0$$

得：

$$M_2 = F_A \times (4 \text{ m}) - F_1 \times (2 \text{ m}) = 20 \text{ kN} \cdot \text{m}$$

由计算结果知，$M_2$ 为正弯矩。

（4）求横截面 3—3 上的剪力和弯矩。假想地沿横截面 3—3 把梁截成两段，取右段为研究对象 [见图 5-16（d）]，列出平衡方程：

$$\sum F_y = 0, \quad F_B + F_{S3} = 0$$

得：

$$F_{S3} = -F_B = -10 \text{ kN}$$

$$\sum M_E = 0, \quad F_B \times (1 \text{ m}) - M_3 = 0$$

得：

$$M_3 = F_B \times (1 \text{ m}) = 10 \text{ kN} \cdot \text{m}$$

由计算结果知，$F_{S3}$ 为负剪力，$M_3$ 为正弯矩。

由上面的计算过程，可以总结出如下规律：

（1）梁任一横截面上的剪力，其数值等于该截面的任一侧（左边或右边）梁上所有横向外力的代数和。截面左边梁上向上的外力或右边梁上向下的外力为正，反之为负。

（2）梁任一横截面上的弯矩，其数值等于该截面任一侧（左边或右边）梁上所有外力对截面形心的力矩的代数和。截面左边梁上的外力对该截面形心之矩为顺时针转向，或截面右边梁上的外力对该截面形心之矩为逆时针转向时为正，反之为负。

利用上述规律。可以直接根据横截面左边或右边梁上的外力来求该截面上的剪力和弯矩，而不必列出平衡方程。

【例 5-4】　求受均布载荷作用的悬臂梁 [见图 5-17）横截面 $C$ 上的剪力和弯矩。

**解**：横截面 $C$ 上的剪力和弯矩直接根据该截面右边梁上的外力求得：

$$F_S = q(l - x)$$

$$M = -q(l - x)^2 / 2$$

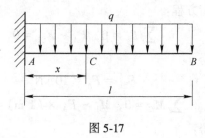

图 5-17

### 5.3.3　剪力图和弯矩图

#### 5.3.3.1　用内力方程法绘制剪力图和弯矩图

由例 5-4 可见，梁横截面上的剪力与弯矩随截面位置 $x$ 而变化，它们都可表示为 $x$ 的函数，即

$$F_S = F_S(x) \tag{5-3}$$

$$M = M(x) \tag{5-4}$$

式（5-3）和式（5-4）分别称为梁的剪力方程和弯矩方程。

与绘制轴力图和扭矩图一样，也可用图线表示梁各横截面上剪力 $F_S$ 和弯矩 $M$ 沿梁轴线变化的情况。以平行于梁轴的横坐标 $x$ 表示横截面的位置，以纵坐标表示相应横截面上的剪力或弯矩，绘出剪力方程和弯矩方程的图线，这样的图线分别称为剪力图和弯矩图。

【例 5-5】　简支梁 [见图 5-18（a）]，在 $C$ 处受集中载荷 $F$ 作用，试列出此梁的剪力方程和弯矩方程，并绘制剪力图和弯矩图。

**解**：由梁的平衡方程，求得支座反力为：

$$F_A = \frac{Fb}{l}, \quad F_B = \frac{Fa}{l}$$

集中力 $F$ 作用于 $C$ 点，梁在 $AC$ 和 $BC$ 两段内的剪力或弯矩不能用同一方程来表示，应分段考虑。在 $AC$ 段内取距左端为 $x$ 的任意横截面，求得此横截面上的剪力和弯矩分别为：

$$F_S(x) = F_A = \frac{Fb}{l} \quad (0 < x < a) \quad (a)$$

$$M(x)_A = F_A x = \frac{Fb}{l}x \quad (0 \leqslant x \leqslant a) \quad (b)$$

这就是 $AC$ 段内的剪力方程和弯矩方程。同样求得 $CB$ 段内的剪力方程和弯矩方程分别为：

$$F_S(x) = F_A - F = \frac{Fb}{l} - F = -\frac{Fa}{l} \quad (a < x < l)$$

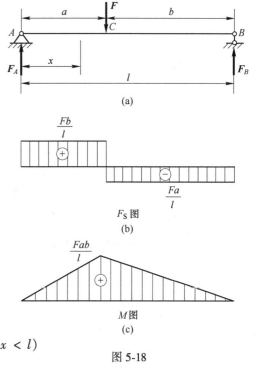

图 5-18

$$(c)$$

$$M(x) = F_A x - F(x-a) = \frac{Fb}{l}x - F(x-a) = \frac{Fa}{l}(l-x) \quad (a \leqslant x \leqslant l) \qquad (d)$$

根据式（a）、式（c）绘出剪力图如图 5-18（b）所示。由剪力图看出，当 $a < b$ 时，$|F_S|_{max} = \frac{b}{l}F$。

根据式（b）、式（d）绘出弯矩图如图 5-18（c）所示。由弯矩图看出，$M_{max} = \frac{Fab}{l}$。

由图 5-18 可见，在集中力作用处（$C$ 截面），其左、右两侧横截面上弯矩相同，而剪力则发生突变，突变值等于该集中力的大小。因此，上述公式（a）、（c）中不包括 $x = a$ 的情况。上述不连续的情况是由于假定集中力 $F$ 作用于 $C$ 点造成的，实际中 $F$ 不可能只作用在一个点上。若将力 $F$ 视为作用在梁的一小段长度上的均布荷载，剪力图就不会发生突变了。

**【例 5-6】** 简支梁 ［见图 5-19（a）］ 在 $C$ 处受一集中力偶 $M_e$ 作用，试列出此梁的剪力方程和弯矩方程，并绘制剪力图和弯矩图。

**解**：由梁的平衡方程，求得支座反力为：

$$F_A = \frac{M_e}{l}, \quad F_B = \frac{M_e}{l}$$

此梁在 $C$ 处有集中力偶作用，分段列剪力方程和弯矩方程如下：

$AC$ 段

$$F_S(x) = F_A = \frac{M_e}{l} \quad (0 < x \leqslant a)$$

$$M(x) = F_A x = \frac{M_e}{l} x \quad (0 \le x < a)$$

BC 段

$$F_S(x) = F_A = \frac{M_e}{l} \quad (a \le x < l)$$

$$M(x) = F_A x - M_e = \frac{M_e}{l}(x - l) \,(a < x \le l)$$

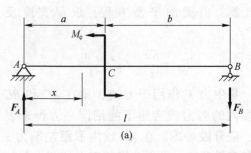

根据以上方程式，可分别绘出剪力图 [见图 5-19（b）] 和弯矩图 [见图 5-19（c）]。由图可见，当 $b > a$ 时，在集中力偶作用处的右侧横截面上的弯矩值最大：$|M|_{max} = \dfrac{M_e b}{l}$；在集中力偶作用的 $C$ 点处，其左、右两侧横截面上的剪力相同，而弯矩则发生突变，突变值等于该集中力偶矩的大小，弯矩发生突变的原因是将集中力偶只作用于一点造成的。

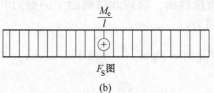

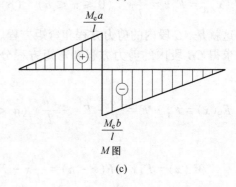

$F_S$ 图

（b）

$M$ 图

（c）

图 5-19

**【例 5-7】**　简支梁 [见图 5-20（a）] 受均布载荷 $q$ 作用，试列出此梁的剪力方程和弯矩方程，并绘制剪力图和弯矩图。

**解**：由梁的平衡方程，求得支座反力为：

$$F_1 = \frac{ql}{2}, \ F_B = \frac{ql}{2}$$

梁的剪力方程和弯矩方程分别为：

$$F_S(x) = F_A - qx = \frac{ql}{2} - qx \quad (0 < x < l) \qquad (a)$$

$$M(x) = F_A x - qx\frac{x}{2} = \frac{ql}{2}x - \frac{q}{2}x^2 \quad (0 \le x \le l) \quad (b)$$

根据以上方程式，可分别绘出剪力图 [见图 5-20（b）] 和弯矩图 [见图 5-20（c）]。

由高等数学知识可求得弯矩的极值及其所在横截面的位置。将式（b）对 $x$ 求一次导数，并令其等于零，有：

$$\frac{dM(x)}{dx} = \frac{ql}{2} - qx = 0$$

得：

$$x = \frac{l}{2}$$

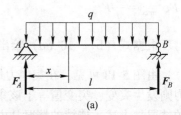

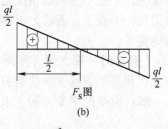

$F_S$ 图

（b）

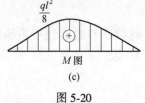

$M$ 图

（c）

图 5-20

将 $x = \dfrac{l}{2}$ 代入弯矩方程式（b），即得最大弯矩为 $M_{\max} = \dfrac{ql^2}{8}$。

由图 5-20 可见，梁跨中截面上的弯矩是极值且为全梁弯矩的最大值，$M_{\max} = \dfrac{ql^2}{8}$。在该截面上，剪力 $F_S = 0$。而在梁的两支座截面处剪力值为最大，$|F_S|_{\max} = \dfrac{ql}{2}$。

### 5.3.3.2 用微分关系法绘制剪力图和弯矩图

在例 5-7 中，若将弯矩方程式（b）对 $x$ 求一次导数，得 $\dfrac{\mathrm{d}M(x)}{\mathrm{d}x} = \dfrac{ql}{2} - qx$，这恰是剪力方程式（a），即有：

$$\frac{\mathrm{d}M(x)}{\mathrm{d}x} = F_S(x) \tag{5-5}$$

若再将剪力方程式（a）对 $x$ 求一次导数，得 $\dfrac{\mathrm{d}F_S(x)}{\mathrm{d}x} = -q$，这恰是均布载荷集度 $q$。可以证明，如规定分布载荷集度 $q(x)$ 向上为正，则有：

$$\frac{\mathrm{d}F_S(x)}{\mathrm{d}x} = q(x) \tag{5-6}$$

由式（5-5）和式（5-6）还可得到：

$$\frac{\mathrm{d}^2 M(x)}{\mathrm{d}x^2} = q(x) \tag{5-7}$$

式（5-5）~式（5-7）就是弯矩、剪力与分布载荷集度之间的微分关系，是直梁中普遍存在的规律。

根据上述关系，并由前述各例，可以得到剪力图与弯矩图图形的一些规律，概括如下：

（1）梁上某段无载荷作用（$q = 0$）时，此段梁的剪力 $F_S$ 为常数，剪力图为水平线；弯矩 $M$ 则为 $x$ 的一次函数，弯矩图为斜直线。

（2）梁上某段受均布载荷作用（$q$ 为常数）时，此段梁的剪力 $F_S$ 为 $x$ 的一次函数，剪力图为斜直线；弯矩 $M$ 则为 $x$ 的二次函数，弯矩图为抛物线。在剪力 $F_S = 0$ 处，弯矩图的斜率为零，此处的弯矩为极值。

（3）在集中力作用处，剪力图有突变，突变值即为该处集中力的大小；此时弯矩图的斜率也发生突然变化，因而弯矩图在此处有一折角。

（4）在集中力偶作用处，弯矩图有突变，突变值即为该处集中力偶矩的大小，但剪力图却没有变化，故集中力偶作用处两侧弯矩图的斜率相同。

利用上述规律，可不必列出剪力方程和弯矩方程，而更简洁地绘制梁的剪力图及弯矩图。其步骤如下：

（1）分段定形。根据梁上载荷和支撑情况将梁分成若干段，由各段内的载荷情况判断剪力图和弯矩图的形状。

（2）定点绘图。求出某些特殊横截面上的剪力值和弯矩值，逐段绘制梁的剪力图和弯矩图。

**【例 5-8】**　试绘制外伸梁［见图 5-21（a）］的剪力图和弯矩图。

**解：**（1）求支座反力。由梁的平衡方程，求得支座反力为：

$$F_A = 9 \text{ kN}, \quad F_B = 5 \text{ kN}$$

（2）绘制剪力图。

1）分段定形。根据梁所受外力和支撑情况，全梁可分为 $CA$、$AD$、$DB$ 三段。

$CA$、$AD$ 段：$q = 0$，$F_S$ 图为水平直线。

$DB$ 段：$q < 0$ 且为常数，$F_S$ 图为斜直线，斜率为负，向右下方倾斜。

截面 $A$、$B$、$C$ 处受集中力作用，剪力图有突变。

2）求特殊横截面上的剪力值并绘图。$CA$ 和 $AD$ 段的剪力图为水平线，只需分别在此两段内确定任一横截面上的剪力值。为绘出 $DB$ 段的剪力图，需确定 $D$ 处横截面和支座 $B$ 左侧横截面上的剪力值。

上述截面上的剪力值分别为：

$$F_{SC}^R = -F = -6 \text{ kN}$$

$$F_{SA}^R = F_{BD} = F_A - F = 3 \text{ kN}$$

$$F_{SB}^L = -F_B = -5 \text{ kN}$$

梁的剪力图如图 5-21（b）所示。由图看出，$CA$ 段的剪力绝对值最大，为：

$$|F|_{max} = 6 \text{ kN}$$

（3）绘制弯矩图。

1）分段定形。全梁仍可分为三段。

$CA$ 段：$q = 0$，$F_S < 0$，$M$ 图为斜直线，斜率为负，向右下方倾斜。

$AD$ 段：$q = 0$，$F_S > 0$，$M$ 图为斜直线，斜率为正，向右上方倾斜。

$DB$ 段：$q < 0$，$F_S$ 由正渐变至负，$M$ 图为向上凸的抛物线，斜率由正逐渐减小至负；在 $F_S = 0$ 处，$M$ 为极值。

截面 $A$、$B$、$C$ 处受集中力作用，$M$ 图有折角。

截面 $D$ 处受集中力偶 $M$ 作用，$M$ 图有突变，其突变值为 $M_e$。

2）求特殊横截面上的弯矩值并绘图。为绘出各段梁的弯矩图，需求出以下横截面上的弯矩值，它们分别为：

$$M_C = 0$$

$$M_A = -F \times (1 \text{ m}) = -6 \text{ kN} \cdot \text{m}$$

$$M_D^L = -F \times (2 \text{ m}) + F_A \times (1 \text{ m}) = -3 \text{ kN} \cdot \text{m}$$

$$M_D^R = -F \times (2 \text{ m}) + F_A \times (1 \text{ m}) + M_e = 1 \text{ kN} \cdot \text{m}$$

$$M_B = 0$$

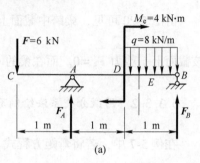

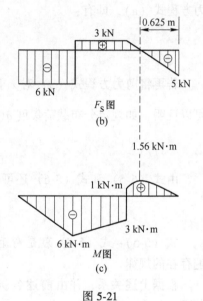

图 5-21

根据 $DB$ 段内 $F_S$ 图的几何关系，可求得弯矩的极值位置 $E$ 截面距支座 $B$ 的距离为 0.625 m，并计算得该截面上的弯矩为：

$$M_E = F_B \times (0.625 \text{ m}) - \frac{q}{2} \times (0.625 \text{ m})^2 = 1.56 \text{ kN} \cdot \text{m}$$

梁的弯矩图如图 5-21（c）所示，由图可见，支座 $A$ 处横截面上的弯矩绝对值最大，为：

$$|M|_{max} = 6 \text{ kN} \cdot \text{m}$$

## 思 考 题

5-1 试判断图 5-22 所示构件中哪些属于轴向拉伸，哪些属于轴向压缩？

5-2 试判断图 5-23 所示各杆中哪些发生扭转变形？

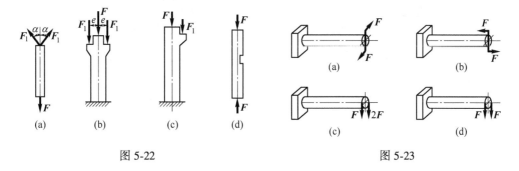

图 5-22　　　　　　　　　　图 5-23

5-3 用截面法求图 5-24 所示杆的轴力时，可否将截面恰恰截在着力点 $C$ 上，为什么？

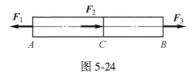

图 5-24

5-4 对内力为什么要规定正负号？

5-5 试判断图 5-25 所示各梁中哪些属于平面弯曲？

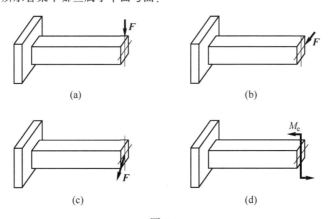

图 5-25

5-6　如何理解在集中力作用处，剪力图有突变；在集中力偶作用处，弯矩图有突变？

5-7　图 5-26 所示传动轴的主动轮 $A$ 输入功率 $P_A = 8$ kW，从动轮 $B$、$C$、$D$ 输出功率分别为 $P_B = 2$ kW、$P_C = 3$ kW、$P_D = 3$ kW。试问这种布置是否合理，为什么？如果不合理，应如何布置。

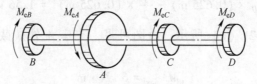

图 5-26

5-8　一简支梁的剪力图如图 5-27 所示，试确定梁上的载荷及弯矩图。已知梁上无外力偶作用。

5-9　一简支梁的弯矩图如图 5-28 所示，试确定梁上的载荷及剪力图。

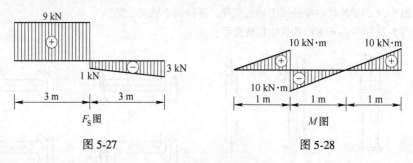

图 5-27　　　　　　　　　　图 5-28

## 选 择 题

5-1　下面四个轴向拉压杆件中（见图 5-29）_____杆件的轴力图不正确。

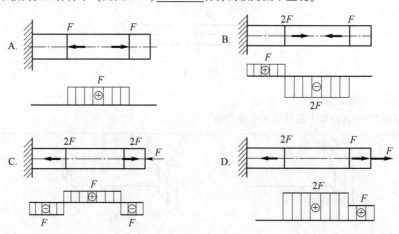

图 5-29

5-2　梁的受载情况对于中央截面为反对称，如图 5-30 所示。$Q_C$ 和 $M_C$ 分别表示梁中央截面上的剪力和弯矩，则下列结论中_____是正确的。

A. $Q_C = 0$，$M_C = 0$　　　　　　B. $Q_C = 0$，$M_C \neq 0$

B. $Q_C \neq 0$，$M_C = 0$　　　　　　D. $Q_C \neq 0$，$M_C \neq 0$

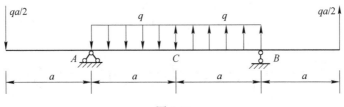

图 5-30

5-3 悬臂梁受三角形分布荷载作用，则下列选项正确的是_____。

A. 剪力图为三次曲线，弯矩图为二次曲线

B. 剪力图为二次直线，弯矩图为三次曲线

C. 剪力图为水平直线，弯矩图为倾斜直线

D. 剪力图为倾斜的直线，弯矩图为二次曲线

5-4 梁发生平面弯曲时其横截面绕_____旋转。

A. 梁的轴线　　　　　　　　　　　B. 横截面上的纵向对称轴

C. 中性层与纵向对称面的交线　　　D. 中性轴

5-5 用一个假想截面把杆件切为左右两部分，则左右两部分截面上内力的关系是，左右两面内力大小相等，_____。

A. 方向相反，符号相反　　　　　　B. 方向相反，符号相同

C. 方向相同，符号相反　　　　　　D. 方向相同，符号相同

## 习　题

5-1 求图 5-31 所示各杆指定截面上的轴力，并绘制轴力图。

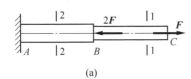

(a)

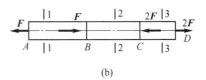

(b)

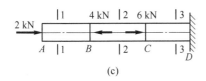

(c)

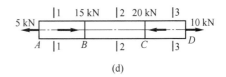

(d)

图 5-31

5-2 求图 5-32 所示各轴指定截面上的扭矩，并绘制扭矩图。

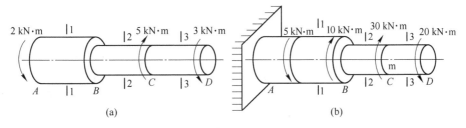

(a)　　　　　　　　　　　　　　　　　　(b)

图 5-32

5-3　图 5-33 所示传动轴的转速 $n=400$ r/min，主动轮 2 输入功率 $P_2=60$ kW，从动轮 1、3、4 和 5 输出功率分别为 $P_1=18$ kW、$P_3=12$ kW、$P_4=22$ kW，$P_5=8$ kW。试绘制该轴的扭矩图。

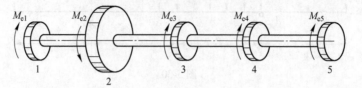

图 5-33

5-4　求图 5-34 所示各梁指定截面上的剪力和弯矩。设 $q$、$F$、$a$ 均为已知。图中各指定截面与相应截面无限接近。

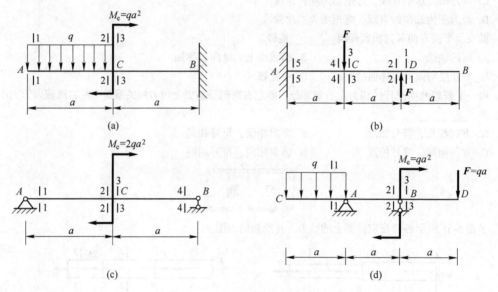

图 5-34

5-5　试绘制图 5-35 所示各梁的剪力图和弯矩图，并求出剪力和弯矩绝对值的最大值。设 $F$、$q$、$l$、$a$ 均为已知。

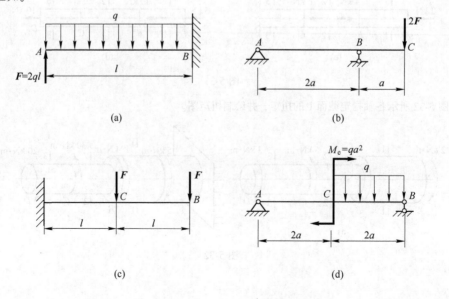

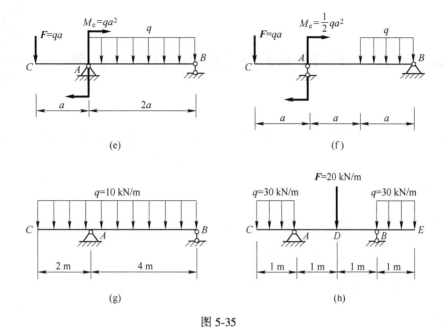

图 5-35

5-6　不列方程，试绘制图 5-36 所示各梁的剪力图和弯矩图，并求出剪力和弯矩绝对值的最大值。设 $F$、$q$、$l$、$a$ 均为已知。

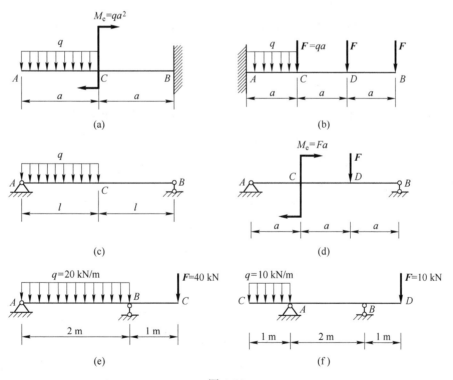

图 5-36

# 模块 6　杆件的应力与强度计算

本模块在介绍材料拉压时的力学性能的基础上，分别介绍杆件在基本变形以及拉（压）与弯曲组合变形时的应力和强度计算。本模块内容是杆件强度计算的核心。

## ◈ 知识目标

（1）了解材料拉压时的力学性能，掌握低碳钢和铸铁的拉压特性。

（2）掌握杆件拉压时的应力与强度计算。

（3）理解杆件弯曲时的应力与强度计算。

（4）掌握连接件的实用计算。

## ☑ 技能目标

（1）能够运用低碳钢和铸铁的拉压特性，正确选用材料。

（2）会计算拉压杆强度。

（3）能判断杆件弯曲时应力最大的位置，能采取正确措施提高梁弯曲强度。

（4）会连接件的实用计算。

## ☑ 思政课堂

为了保证杆件有足够的强度，应使杆件的工作应力小于材料的极限应力。杆件应留有必要的强度储备，即设计安全因数。确定安全因数是一个复杂的问题，若安全因数偏大，则杆件偏于安全，但会造成材料浪费；反之，则杆件工作时危险。在这里，我们共同学习一则由于弦杆应力过大造成的工程悲剧——"工程师之戒"。

加拿大的魁北克大桥，被加拿大土木工程学会设为"历史纪念建筑"，还是加拿大的国家历史遗址。其在建造时是世界上桥跨最长的悬臂桥，施工过程中曾两次垮塌。第一次发生于 1907 年 8 月，共有 75 人罹难。事故调查发现：主要是因为设计者将原本已经设计好的桥梁主跨长度从 487.7 m 增长到 548.6 m，导致受压弦杆组合截面设计不当，采用的容许应力过大。事故后政府接手了施工工作。1913 年，这座大桥的建设重新开始，新桥主要受压构件的截面积比原设计增加了 1 倍以上，然而不幸的是悲剧再次发生。1916 年 9 月，由于悬臂安装时一个锚固支撑构件断裂，桥梁中间段再次落入圣劳伦斯河中，并导致 13 名工人丧生。就这样，在经历了两次惨痛的悲剧后，1917 年魁北克大桥终于建成通车了，1922 年加拿大的七大工程学院一起出资买下当年桥梁坍塌的残骸，用其打造出一枚枚戒指，发给每年毕业的工程系学生，希望用这起事故以及事故中遇难的 88 条生命来警示每一位工程师。

📝 **相关知识**

# 学习情境 6.1　材料拉（压）时的力学性能

　　材料的力学性能是指材料在外力作用下其强度和变形等方面表现出来的性质，它是构件强度计算和材料选用的重要依据。材料的力学性能可由试验来测定。

　　本学习情境以工程中广泛使用的低碳钢（含碳量小于 0.25%）和铸铁两类材料为例，介绍材料在常温、静载（是指从零缓慢地增加到标定值的载荷）下拉（压）时的力学性能。

### 6.1.1　低碳钢在拉伸时的力学性能

　　为了便于比较不同材料的试验结果，必须将试验材料按照国家标准制成标准试样。金属材料常用的拉伸试样如图 6-1 所示，中部工作段的直径为 $d_0$，工作段的长度为 $l_0$，称为标距，且 $l_0 = 10d_0$ 或 $l_0 = 5d_0$。

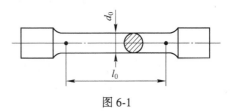

图 6-1

　　将试样装在试验机上，缓慢平稳地加载直至试样拉断。对应每一个拉力 $F$，试样标距 $l_0$ 有一伸长量 $\Delta l$。表示 $F$ 和 $\Delta l$ 关系的曲线，称为拉伸曲线或 $F$-$\Delta l$ 曲线。图 6-2（a）所示为 Q235 钢的 $F$-$\Delta l$ 曲线。为了消除试样尺寸的影响，将纵坐标 $F$ 和横坐标 $\Delta l$ 分别除以试样横截面的原始面积 $A_0$ 和标距的原始长度 $l_0$，得到材料拉伸时的应力-应变曲线或 $\sigma$-$\varepsilon$ 曲线，如图 6-2（b）所示。

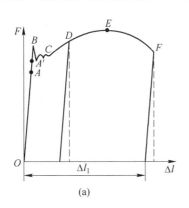
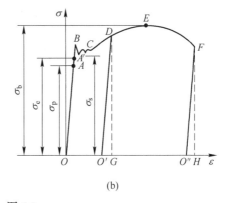

(a)　　　　　　　　　　(b)

图 6-2

　　根据 $\sigma$-$\varepsilon$ 曲线，低碳钢的拉伸过程可分为以下四个阶段：

　　（1）弹性阶段。这一阶段可分为斜直线 OA 和微弯曲线 AA′ 两段。斜直线 OA 段表明 $\sigma$ 与 $\varepsilon$ 呈线性关系，即 $\sigma = E\varepsilon$，材料服从胡克定律，斜直线 OA 的斜率就是材料的弹性模量 $E$。斜直线 OA 的最高点 A 对应的应力是应力与应变保持线性关系的最大应力，称为比例极限，用 $\sigma_p$ 表示。Q235 钢的比例极限约为 200 MPa。超过比例极限后，从 A 点到 A′ 点，$\sigma$ 与 $\varepsilon$ 关系不再是直线，但变形仍然是弹性的。A′ 点对应的应力是材料只产生弹性变形的最大应力，称为弹性极限，用 $\sigma_e$ 表示。$\sigma_p$ 与 $\sigma_e$ 虽含义不同，但数值接近，工程上对此二者不做严格区分。

（2）屈服阶段。当应力超过 $\sigma_e$ 增加到某一数值时，应变有非常明显的增加，而应力在很小范围内波动，在 $\sigma$-$\varepsilon$ 曲线上形成一段接近水平线的小锯齿形线段（$BC$ 段）。这种应力变化不大而应变显著增加的现象称为屈服或流动。屈服阶段的最低应力称为屈服极限，用 $\sigma_s$ 表示。Q235 钢的屈服极限约为 235 MPa。材料屈服时，光滑试样表面会出现与轴线成约 45°的条纹（见图 6-3）。这是由于材料内部晶格间相对滑移形成的，称为滑移线。材料屈服时产生显著的塑性变形，这是构件正常工作所不允许的，因此屈服极限 $\sigma_s$ 是衡量材料强度的重要指标。

（3）强化阶段。屈服阶段后，材料又恢复了抵抗变形的能力，要使它继续变形必须增加拉力。这种现象称为材料的强化。$CE$ 段称为强化阶段，该阶段产生的绝大部分变形是塑性变形，强化阶段的最高点 $E$ 对应的应力是材料所能承受的最大应力，称为强度极限或抗拉强度，用 $\sigma_b$ 表示。Q235 钢的强度极限约为 400 MPa。它是衡量材料强度的另一重要指标。

（4）局部变形阶段。应力达到强度极限后，在试样的某一局部范围内，横向尺寸将急剧缩小，形成颈缩现象（见图 6-4）。此时所需的拉力也迅速减小，最后试样在颈缩段被拉断。

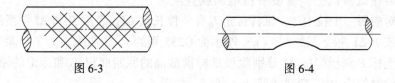

图 6-3　　　　　　　　　　　　　　　　图 6-4

试样拉断后，由于保留了塑性变形，试样标距长度由原来的 $l_0$ 变为 $l_1$。试样的相对塑性变形用百分比表示为：

$$\delta = \frac{l_1 - l_0}{l_0} \times 100\% \tag{6-1}$$

$\delta$ 称为伸长率。试样的塑性变形（$l_0$-$l_1$）越大，$\delta$ 也越大。因此，伸长率是衡量材料塑性的指标。

工程中将伸长率 $\delta \geq 5\%$ 的材料称为塑性材料，如 Q235 钢的 $\delta = 20\% \sim 30\%$，是典型的塑性材料；而把 $\delta < 5\%$ 的材料称为脆性材料，如铸铁的 $\delta = 0.5\% \sim 0.6\%$，是典型的脆性材料。

设试样的原始横截面面积为 $A_0$，拉断后断口处的最小截面面积为 $A_1$，用百分比表示的比值

$$\psi = \frac{A_0 - A_1}{A_0} \times 100\% \tag{6-2}$$

称为断面收缩率。Q235 钢的 $\psi = 60\% \sim 70\%$。断面收缩率也是衡量材料塑性的指标。

如将试样拉伸到超过屈服极限的 $D$ 点 [见图 6-2（b）]，然后逐渐卸除拉力，则应力和应变关系将沿着大致与斜直线 $OA$ 平行的直线 $DO'$ 回到 $O'$ 点。这一规律称为卸载规律。图 6-2（b）中 $O'G$ 表示卸载后消失了的弹性应变，而 $OO'$ 表示保留下来的塑性应变。若

卸载后，在短期内重新加载，则应力和应变大致沿卸载时的斜直线 $O'D$ 上升，到 $D$ 点后，仍沿原曲线 $DEF$ 变化。可见重新加载时，直到 $D$ 点之前材料的变形都是弹性的，过 $D$ 点后才开始出现塑性变形。所以这种预拉过的试样，其比例极限得到了提高，但塑性变形和伸长率降低。这种现象称为冷作硬化。工程中常利用冷作硬化来提高某些构件（如钢筋、钢缆绳等）在弹性阶段的承载能力。

### 6.1.2　其他塑性材料在拉伸时的力学性能

图 6-5 给出了几种塑性材料的 $\sigma\text{-}\varepsilon$ 曲线。可以看出，除了 16Mn 钢与低碳钢的 $\sigma\text{-}\varepsilon$ 曲线比较相似外，一些材料（如铝合金）没有明显的屈服阶段，但它们的弹性阶段、强化阶段和颈缩阶段则都比较明显；另外一些材料（如 MnV 钢）则只有弹性阶段和强化阶段，而没有屈服阶段和颈缩阶段。对于没有明显屈服阶段的塑性材料，工程上规定以产生 0.2% 塑性应变时的应力值作为名义屈服极限，用 $\sigma_{0.2}$ 表示（见图 6-6）。

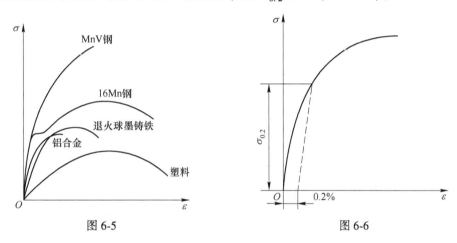

图 6-5　　　　　　　　　　　　　　　图 6-6

### 6.1.3　铸铁在拉伸时的力学性能

图 6-7 是灰铸铁拉伸时的 $\sigma\text{-}\varepsilon$ 曲线。它没有明显的直线部分。灰铸铁在拉应力较低时就被拉断，没有屈服和颈缩现象，拉断前应变很小，伸长率也很小。灰铸铁是典型的脆性材料。

铸铁拉断时的应力为强度极限。因为没有屈服现象，所以强度极限 $\sigma_b$ 是衡量其强度的唯一指标。铸铁等脆性材料由于拉伸时的强度极限很低，因此不宜用于制作受拉构件。

### 6.1.4　材料在压缩时的力学性能

金属材料的压缩试样常制成短的圆柱，圆柱的高度为直径的 1.5~3 倍。

图 6-8 是低碳钢压缩时的 $\sigma\text{-}\varepsilon$ 曲线。试验表明，低碳钢等塑性材料压缩时的弹性模量 $E$ 和屈服极限 $\sigma_s$ 都与拉伸时基本相同。屈服阶段以后，试样越压越扁，横截面面积不断增大，试样抗压能力也不断提高，故测不出压缩时的强度极限。

铸铁压缩时的 $\sigma\text{-}\varepsilon$ 曲线（见图 6-9）类似于拉伸，但压缩时的强度极限比拉伸时的要高 4~5 倍，且破坏前有较大的塑性变形。铸铁压缩试样的破坏，断面较为光滑，断面与轴线成 45°~55°角。其他脆性材料，如混凝土、石料等，抗压强度也远高于抗拉强度。因此，脆性材料宜用来制作承压构件。

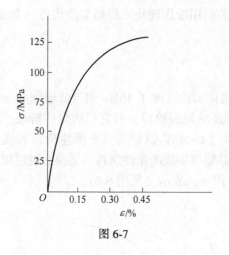

图 6-7

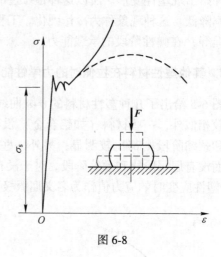

图 6-8

### 6.1.5　极限应力、许用应力和安全因数

根据以上分析，塑性材料的应力达到屈服极限 $\sigma_s$ 或名义屈服极限 $\sigma_{0.2}$ 时，就会出现显著的塑性变形；脆性材料的应力达到强度极限 $\sigma_b$ 时，就会发生断裂。这两种情况都会使材料丧失正常的工作能力，这种现象称为强度失效。上述引起材料失效的应力称为极限应力，用 $\sigma^0$ 表示。对于塑性材料，$\sigma^0 = \sigma_s$ 或 $\sigma_{0.2}$；对于脆性材料，$\sigma^0 = \sigma_b$。

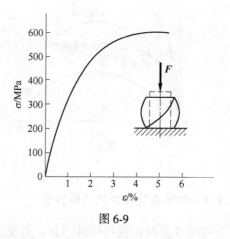

图 6-9

为了保证杆件有足够的强度，应使杆件的工作应力小于材料的极限应力。此外，杆件应留有必要的强度储备。在强度计算中，把极限应力除以大于 1 的因数 $n$ 作为设计时的最高值，称为许用应力，用 $[\sigma]$ 表示。即

$$[\sigma] = \sigma^0 / n \tag{6-3}$$

式中，$n$ 称为安全因数。

确定安全因数是一个复杂的问题。一般来说，应考虑材料的均匀性、载荷估计的准确性、计算简图和计算方法的精确性、杆件在结构中的重要性以及杆件的工作条件等。安全因数的选取直接关系杆件的安全性和经济性。若安全因数偏大，则杆件偏于安全，造成材料浪费；反之，则杆件工作时危险。在工程设计中，安全因数可从有关规范或手册中查到。在常温静载下，对于塑性材料，一般取 $n_s = 1.4 \sim 1.7$；对于脆性材料，一般取 $n_b = 2.5 \sim 3.0$。

# 学习情境 6.2　杆件拉（压）时的应力与强度计算

## 6.2.1　拉（压）杆横截面上的应力

因为拉（压）杆横截面上的轴力沿截面的法向，所以横截面上只有正应力 $\sigma$。

要计算正应力 $\sigma$，应首先知道它在截面上的分布规律。为此，从观察拉（压）杆的变形入手。在图 6-10（a）所示拉杆的侧面任意画两条垂直于杆轴的横向线 $ab$ 和 $cd$。拉伸后可观察到它们分别平移到了 $a'b'$ 和 $c'd'$ 位置，但仍为直线，且仍垂直于杆轴 [见图 6-10（b）]。根据这一现象，可假设变形前原为平面的横截面，变形后仍保持为平面且垂直于杆轴。这就是平面假设。设想杆由无数纵向纤维组成，则由平面假设可知它们的变形相同、所受的内力相等，从而可知：横截面上的正应力，均匀分布 [见图 6-10（c）]。设杆的横截面面积为 $A$，因为轴力 $F_N$ 是横截面上分布内力的合力，所以有：

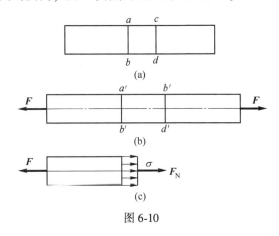

图 6-10

$$F_N = \int_A \sigma \, dA = \sigma A$$

或

$$\sigma = \frac{F_N}{A} \tag{6-4}$$

这就是轴向拉伸时横截面上正应力的计算公式。它同样适用于轴向压缩的等截面直杆。对于变截面杆，除在截面突变处附近以外，此公式也适用。

正应力的符号与轴力的符号规定相同，即拉应力为正，压应力为负。

## 6.2.2　拉（压）杆的强度条件

为了保证拉（压）杆的正常工作，必须使杆内的最大工作应力 $\sigma_{max}$ 不超过材料的许用应力 $[\sigma]$。对于等直杆，有：

$$\sigma_{max} = \frac{F_{Nmax}}{A} \leqslant [\sigma] \tag{6-5}$$

式（6-5）称为拉（压）杆的强度条件。根据强度条件，可以解决以下三种类型的强度计算问题：

（1）强度校核。已知杆的材料、尺寸和承受的载荷（即已知 $[\sigma]$、$A$ 和 $F_{Nmax}$），要求校核杆的强度是否足够。此时只需检查式（6-5）是否成立。

（2）设计截面。已知杆的材料、承受的载荷（即已知 $[\sigma]$、$F_{Nmax}$），要求确定横截面面积或尺寸。为此，将式（6-5）改写为：

$$A \geqslant \frac{F_{Nmax}}{[\sigma]}$$

由此确定横截面面积。再根据横截面形状，确定横截面尺寸。

（3）确定许用载荷。已知杆的材料和尺寸（即已知 $[\sigma]$ 和 $A$），要求确定杆所能承受的最大载荷。为此将式（6-5）改写为：

$$F_{Nmax} \leqslant A[\sigma]$$

先算出最大轴力，再由载荷与轴力的关系，确定杆的许用载荷。

【例 6-1】　图 6-11（a）为三角形托架，杆 $AB$ 为直径 $d = 20$ mm 的圆形钢杆，材料为 Q235 钢，许用应力 $[\sigma] = 160$ MPa，载荷 $F = 45$ kN。试校核杆 $AB$ 的强度。

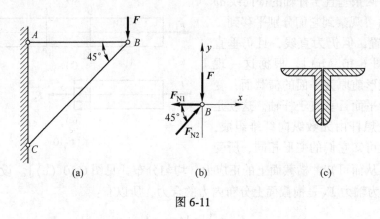

图 6-11

**解：**（1）计算杆 $AB$ 的轴力。取结点 $B$ 为研究对象 [见图 6-11（b）]，列出平衡方程：

$$\sum F_x = 0, \quad F_{N2}\cos 45° - F_{N1} = 0$$

$$\sum F_y = 0, \quad F_{N2}\sin 45° - F = 0$$

联立求解，得：

$$F_{N1} = F = 45 \text{ kN}$$

（2）强度校核。杆横截面上的应力为：

$$\sigma = \frac{F_{N1}}{\frac{1}{4}\pi d^2} = \frac{45 \times 10^3 \text{N}}{\frac{1}{4}\pi \times 20^2 \times 10^{-6} \text{ m}^2} = 143.2 \times 10^6 \text{ Pa} = 143.2 \text{ MPa} < [\sigma] = 160 \text{ MPa}$$

因此，杆 $AB$ 的强度足够。

【例 6-2】　例 6-1 中，若杆 $AB$ 由两根等边角钢组成 [见图 6-11（c）]，其他条件不变，试选择等边角钢的型号。

**解：**（1）计算杆 $AB$ 的轴力。由例 6-1 已算得杆 $AB$ 的轴力为：

$$F_{N1} = 45 \text{ kN}$$

（2）设计截面。杆 $AB$ 的横截面面积为：

$$A \geqslant \frac{F_{N1}}{[\sigma]} = \frac{45 \times 10^3 \text{ N}}{160 \times 10^6 \text{ Pa}} = 0.2813 \times 10^{-3} \text{ m}^2 = 281.3 \text{ mm}^2$$

查型钢表可选 L25×3 的等边角钢，其横截面面积为 1.432 cm² = 143.2 mm²。采用两根这样的角钢，其总横截面面积为 2 × 143.2 mm² = 286.4 mm² > 281.3 mm²，可满足要求。

**【例 6-3】**　图 6-11（a）所示三角形托架中，若杆 AB 为横截面面积 $A_1 = 480$ mm² 的钢杆，许用应力 $[\sigma]_1 = 160$ MPa；杆 BC 为横截面面积 $A_2 = 10000$ mm² 的木杆，许用压应力 $[\sigma]_2 = 10$ MPa。求许用载荷 $[F]$。

**解：**（1）求两杆轴力与载荷 F 的关系。在例 6-1 中，由结点 B 的平衡方程，可得：

$$F_{N1} = F（拉），\quad F_{N2} = \sqrt{2}F（压）$$

（2）求满足杆 AB 强度条件的许用载荷。杆 AB 的许用轴力为：

$$F_{N1} = F \leqslant A_1[\sigma]_1$$

因此许用载荷为：

$$F \leqslant A_1[\sigma]_1 = 480 \times 10^{-6}\ \text{m}^2 \times 160 \times 10^6\ \text{Pa} = 76800\ \text{N} = 76.8\ \text{kN}$$

（3）求满足杆 BC 强度条件的许用载荷。杆 BC 的许用轴力为：

$$F_{N2} = \sqrt{2}F \leqslant A_2[\sigma]_2$$

因此许用载荷为：

$$F \leqslant \frac{A_2[\sigma]_2}{\sqrt{2}} = \frac{10000 \times 10^{-6}\ \text{m}^2 \times 10 \times 10^6\ \text{Pa}}{\sqrt{2}} = 70710\ \text{N} = 70.71\ \text{kN}$$

为了保证两杆都能安全地工作，许用载荷为：

$$[F] = 70.71\ \text{kN}$$

### 6.2.3　应力集中的概念

试验结果和理论分析表明：对于横截面有突变的杆件，如开有圆孔的板条 [见图 6-12（a）]，当其受拉时，在突变点圆孔附近的局部区域内，应力将急剧增加 [见图 6-12（b）]，但在离开圆孔稍远处，应力就迅速降低且趋于均匀 [见图 6-12（c）]。这种因杆件外形突然变化，而引起局部应力急剧增大的现象，称为应力集中。

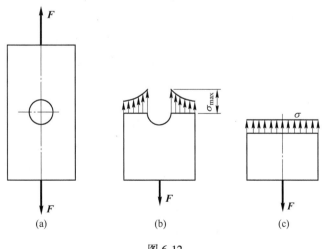

图 6-12

发生应力集中的横截面上的最大应力 $\sigma_{max}$ 与该截面上平均应力 $\sigma_m$ 的比值，称为应力

集中因数，用 $a$ 表示，即

$$a = \frac{\sigma_{max}}{\sigma_m} \tag{6-6}$$

$a$ 反映了应力集中的程度，是一个大于 1 的因数。截面尺寸改变越急剧，应力集中的程度就越严重。工程中各种典型的应力集中情况，如开孔、浅槽、螺纹等，其应力集中因数可从有关手册中查到。查出应力集中因数后，利用式（6-6）即可求得最大应力 $\sigma_{max}$，然后进行强度计算。

应该指出，在静载荷情况下，塑性材料及组织不均匀的脆性材料可以不考虑应力集中的影响，而组织均匀的脆性材料则必须考虑。但在周期性变化的载荷或冲击载荷作用下，无论是塑性材料还是脆性材料，应力集中的影响都必须考虑。

应力集中对杆件的工作是不利的。因此，在设计时应尽可能使杆的截面尺寸不发生突变，并使杆的外形平缓光滑，尽可能避免带尖角的孔、槽和划痕等，以降低应力集中的影响。

# 学习情境 6.3　杆件弯曲时的应力与强度计算

## 6.3.1　梁横截面上的正应力

在一般情况下，梁的横截面上作用有剪力与弯矩。剪力与弯矩是横截面上分布内力的合成结果。在横截面上只有切向微内力 $\tau dA$ 才能组成剪力 $F_S$，只有法向微内力 $\sigma dA$ 才能组成弯矩 $M$（见图 6-13）。因此，梁横截面上同时存在着切应力 $\tau$ 和正应力 $\sigma$，它们分别与剪力 $F_S$ 和弯矩 $M$ 有关。

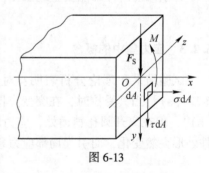

图 6-13

对于细长梁，正应力往往是决定其是否发生强度失效的主要因素，因此，本学习情境将重点讨论平面弯曲时梁横截面上的正应力及其强度计算，对弯曲切应力及其强度计算仅作简单介绍。

若梁在弯曲时，横截面上只有弯矩而无剪力，这种情况称为纯弯曲。下面先就纯弯曲情形推导梁横截面上正应力的计算公式。为此需综合考虑以下三个方面。

### 6.3.1.1　变形几何关系

取一具有纵向对称面的梁，如矩形截面梁，在其侧面画两条相邻的横向线 $mm$ 和 $nn$（代表两个横截面），再在两横向线间靠近梁顶面和底面处画两条纵向线 $aa$ 和 $bb$（代表两条纵向纤维），如图 6-14（a）所示。在梁的两端施加外力偶 $M_e$，使梁发生纯弯曲。此时可观察到下列现象：

（1）$mm$ 和 $nn$ 仍为直线，只是相对旋转了一个角度；

（2）$aa$ 和 $bb$ 变为弧线，且 $aa$ 缩短，$bb$ 伸长；

（3）$mm$ 和 $nn$ 分别与 $aa$ 和 $bb$ 保持正交［见图 6-14（b）］。

据此，可做如下假设：变形前原为平面的横截面变形后仍为平面，且垂直于变形后梁

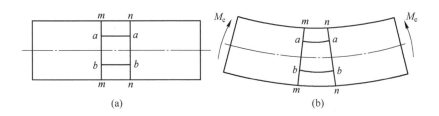

图 6-14

的轴线，只是绕截面内某一轴转动了一个角度。这就是弯曲变形的平面假设。

根据平面假设，若设想梁由无数纵向纤维所组成，则梁变形后，靠近顶面的纤维缩短，靠近底面的纤维伸长。由于变形是连续的，因此中间必定有一层纤维既不伸长也不缩短，这一层称为中性层。中性层与横截面的交线称为中性轴（见图 6-15）。梁弯曲时，横截面绕中性轴转动。显然，中性层、横截面和纵向对称面两两正交，中性轴（取为 $z$ 轴）、横截面的竖向对称轴（取为 $y$ 轴）与梁轴线（取为 $x$ 轴）互相垂直。

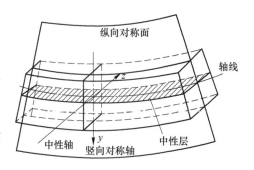

图 6-15

现在来研究横截面上距中性轴为 $y$ 处的纵向线应变。为此，从梁内截取长为 $\mathrm{d}x$ 的微段 [见图 6-16 (a)]，令 $\mathrm{d}\theta$ 代表微段梁变形后两端截面间的相对转角，$\rho$ 代表中性层 $O'_1O'_2$ 的曲率半径 [见图 6-16 (b)]。距中性层为 $y$ 处纵向纤维 $AB$ 变形前的长度 $\mathrm{d}x = O'_1O'_2 = \rho\,\mathrm{d}\theta$，变形后的长度为 $A'B' = (\rho + y)\,\mathrm{d}\theta$，从而得到该处的线应变为：

$$\varepsilon = \frac{A'B' - \mathrm{d}x}{\mathrm{d}x} = \frac{(\rho + y)\,\mathrm{d}\theta - \rho\,\mathrm{d}\theta}{\rho\,\mathrm{d}\theta} = \frac{y}{\rho} \tag{6-7}$$

对于给定截面，$\rho$ 为常量，式 (6-7) 表明，弯曲时梁横截面上各点处的纵向线应变 $\varepsilon$ 与该点到中性轴的距离 $y$ 成正比。

### 6.3.1.2 物理关系

假定梁的各纵向纤维之间互不挤压，因而各纤维处于单向拉伸或压缩状态。在应力不超过材料的比例极限时，由胡克定律知：

$$\sigma = E\,\varepsilon$$

将式 (6-7) 代入上式，得：

$$\sigma = E\,\frac{y}{\rho} \tag{6-8}$$

式 (6-8) 表明，弯曲时梁横截面上任一点处的正应力 $\sigma$ 与该点到中性轴的距离 $y$ 成正比，即沿截面高度呈线性规律变化。中性层上各点处的正应力为零，在距中性轴等距离的各点处正应力相同 [见图 6-16 (c)]。

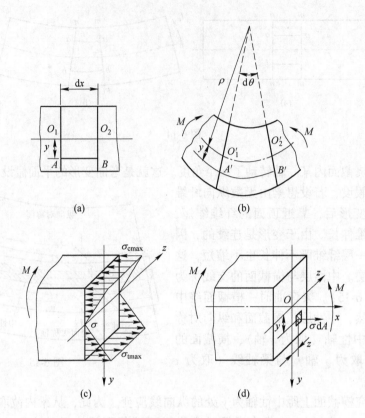

图 6-16

### 6.3.1.3　静力关系

横截面上的法向微内力 $\sigma \mathrm{d}A$ ［见图 6-16（d）］组成一个垂直于横截面的空间平行力系。这个平行力系只可能简化为三个内力分量，即平行于 $x$ 轴的轴力 $F_{\mathrm{N}}$、对 $y$ 轴和对 $z$ 轴的力偶矩 $M_y$ 和 $M_z$。因横截上只有弯矩 $M$，故有：

$$F_{\mathrm{N}} = \int_A \sigma \mathrm{d}A = 0 \tag{6-9}$$

$$M_y = \int_A z\sigma \mathrm{d}A = 0 \tag{6-10}$$

$$M_z = \int_A y\sigma \mathrm{d}A = M \tag{6-11}$$

将式（6-8）代入式（6-9），得：

$$\int_A \sigma \mathrm{d}A = \frac{E}{\rho}\int_A y\mathrm{d}A = \frac{E}{\rho}S_z = \frac{E}{\rho}y_{\mathrm{C}} \cdot A = 0 \tag{6-12}$$

式（6-12）中的积分 $\int_A y\mathrm{d}A = S_z$ 为横截面对中性轴 $z$ 的静矩，$y_{\mathrm{C}}$ 为横截面形心的 $y$ 坐标。因 $\dfrac{E}{\rho}A \neq 0$，故必须有 $y_{\mathrm{C}} = 0$，即中性轴通过横截面的形心。

将式（6-8）代入式（6-10），得：

$$\int_A z\sigma \mathrm{d}A = \frac{E}{\rho}\int_A zy\mathrm{d}A = 0 \qquad (6\text{-}13)$$

因为 $y$ 轴是横截面的竖向对称轴，且 $y$ 轴与 $z$ 轴正交，显然 $\int_A zy\mathrm{d}A = 0$，即式（6-13）是自然满足的。

将式（6-8）代入式（6-11），得：

$$\int_A y\sigma \mathrm{d}A = \frac{E}{\rho}\int_A y^2\mathrm{d}A = \frac{E}{\rho}I_z = M \qquad (6\text{-}14)$$

式（6-14）中的积分 $\int_A y^2\mathrm{d}A = I_z$，称为横截面对 $z$ 轴的惯性矩。于是得梁弯曲时中性层的曲率表达式：

$$\frac{1}{\rho} = \frac{M}{EI_z} \qquad (6\text{-}15)$$

式（6-15）是研究梁弯曲变形的基本公式。式中，$EI_z$ 称为梁的弯曲刚度，它表示梁抵抗弯曲变形的能力。最后将式（6-15）代入式（6-8），得：

$$\sigma = \frac{My}{I_z} \qquad (6\text{-}16)$$

这就是纯弯曲时梁横截面上任一点处正应力的计算公式。在实际计算时，通常弯矩 $M$ 和坐标 $y$ 均取其绝对值代入，求得正应力 $\sigma$ 的大小，再由变形判断正应力的正（拉）或负（压）。即以中性层为界，梁凸出边的应力为拉应力，凹入边的应力为压应力。

由式（6-16）可知，横截面上下边缘处正应力最大，其值为：

$$\sigma_{\max} = \frac{My_{\max}}{I_z} = \frac{M}{W_z} \qquad (6\text{-}17)$$

式中，$W_z = I_z/y_{\max}$ 称为弯曲截面系数，它只与截面形状尺寸有关，是衡量截面抗弯能力的一个几何量，常用单位为 $\mathrm{m}^3$ 或 $\mathrm{mm}^3$。

常见简单截面的弯曲截面系数见表 6-1。

梁弯曲时，横截面上既有弯矩又有剪力，这种情况称为横力弯曲。虽然式（6-16）是纯弯曲条件下建立的，但试验与理论分析表明，对于细长梁（跨度与横截面高度之比 $l/h$ >5），用式（6-16）计算横力弯曲时的正应力也是足够精确的。

### 6.3.2 惯性矩

在应用梁弯曲的正应力公式（6-16）时，需先计算出横截面对中性轴 $z$ 的惯性矩 $I_z = \int_A y^2\mathrm{d}A$。显然 $I_z$ 只与横截面的几何形状和尺寸有关，它是一个正的几何量，常用单位为 $\mathrm{m}^4$ 或 $\mathrm{mm}^4$。

#### 6.3.2.1 常见简单截面的惯性矩

矩形、圆形及圆环形等常见简单截面的惯性矩，不难通过积分计算得出，其结果列于表 6-1 中，以备查用。

**表 6-1　常见简单截面的惯性矩与弯曲截面系数**

| 截　　面 | 惯　性　矩 | 弯曲截面系数 |
|---|---|---|
| 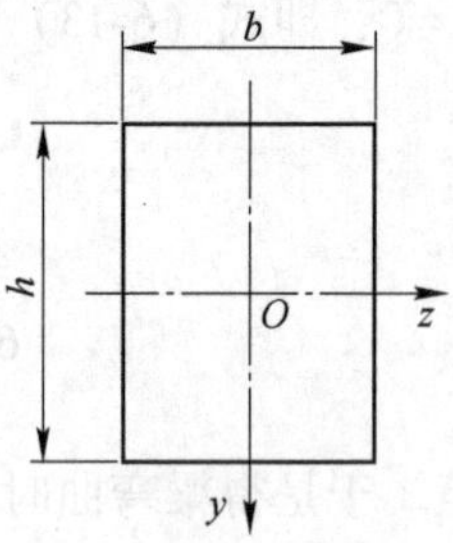 <br>矩形 | $$I_z = \frac{bh^3}{12}$$ $$I_y = \frac{hb^3}{12}$$ | $$W_z = \frac{bh^2}{6}$$ $$W_y = \frac{hb^2}{6}$$ |
| 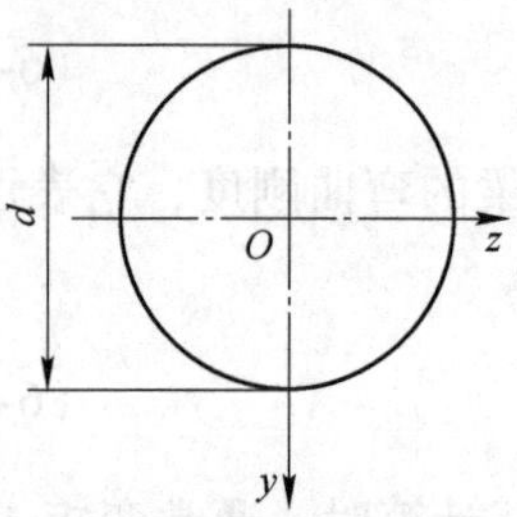 <br>圆形 | $$I_z = I_y = \frac{\pi d^4}{64}$$ | $$W_x = W_y = \frac{\pi d^3}{32}$$ |
| 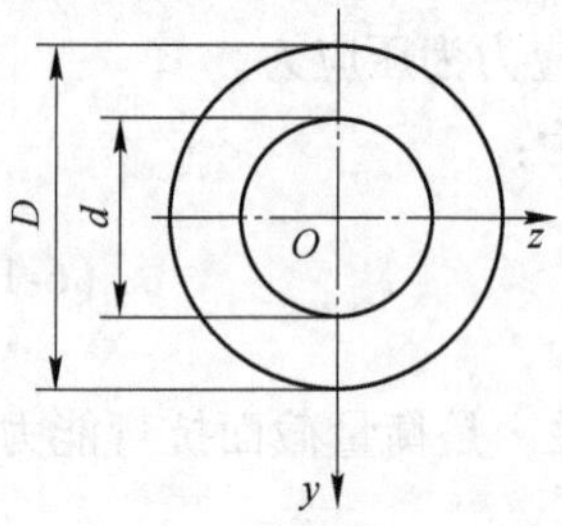 <br>圆环形 | $$I_z = I_y = \frac{\pi D^4(1 - \alpha^4)}{64}$$ $$\left(\alpha = \frac{d}{D}\right)$$ | $$W_z = W_y = \frac{\pi D^3(1 - \alpha^4)}{32}$$ $$\left(\alpha = \frac{d}{D}\right)$$ |

### 6.3.2.2　组合截面的惯性矩

工程中许多梁的横截面是由若干个简单截面组合而成的，称为组合截面，如图 6-17 所示的 T 形截面。在求 T 形截面对中性轴 $z_C$ 的惯性矩时，可将其分为两个矩形 Ⅰ 和 Ⅱ，由惯性矩的定义，整个截面对中性轴 $z_C$ 的惯性矩 $I_{z_C}$ 应等于两个矩形对 $z_C$ 轴的惯性矩 $I_{z_C}(Ⅰ)$ 与 $I_{z_C}(Ⅱ)$ 之和，即

$$I_{z_C} = I_{z_C}(Ⅰ) + I_{z_C}(Ⅱ)$$

为了方便地求出 $I_{z_C}(Ⅰ)$ 和 $I_{z_C}(Ⅱ)$，需用平行移轴公式。

### 6.3.2.3　平行移轴公式

设任意形状截面（见图 6-18）的面积为 $A$，形心为 $C$，坐标轴 $z$、$y$ 与形心轴 $z_C$、$y_C$ 分别平行，且间距分别为 $a$、$b$，截面对 $z$ 轴、$y$ 轴与对 $z_C$ 轴、$y_C$ 的轴的惯性矩分别为 $I_z$、

$I_y$ 与 $I_{z_C}$、$I_{y_C}$，可以证明：

$$\left. \begin{array}{c} I_z = I_{z_C} + a^2 A \\ I_y = I_{y_C} + b^2 A \end{array} \right\} \tag{6-18}$$

这就是惯性矩的平行移轴公式。

**【例 6-4】** 求 T 形截面（见图 6-17）对形心轴 $z_C$ 的惯性矩。已知截面形心 $C$ 的坐标 $y_C = 30$ mm。

**解：** 将 T 形截面分成矩形 I 和矩形 II，由表 6-1 与式（6-18）可知，矩形 I 和 II 对形心轴 $z_C$ 的惯性矩分别为：

$$I_{z_C}(\text{I}) = \frac{60 \text{ mm} \times 20^3 \text{ mm}^3}{12} + 1200 \text{ mm}^2 \times (30 - 10)^2 \text{ mm}^2 = 5.2 \times 10^5 \text{ mm}^4$$

$$I_{z_C}(\text{II}) = \frac{20 \text{ mm} \times 60^3 \text{ mm}^3}{12} + 1200 \text{ mm}^2 \times (50 - 30)^2 \text{ mm}^2 = 8.4 \times 10^5 \text{ mm}^4$$

因此，T 形截面对形心轴 $z_C$ 的惯性矩 $I_{z_C}$ 为：

$$I_{z_C} = I_{z_C}(\text{I}) + I_{z_C}(\text{II}) = 5.2 \times 10^5 \text{ mm}^4 + 8.4 \times 10^5 \text{ mm}^4 = 1.36 \times 10^6 \text{ mm}^4$$

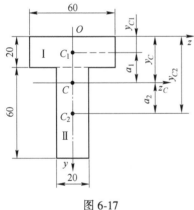

图 6-17

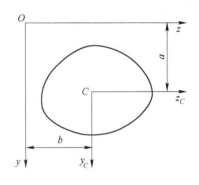

图 6-18

**【例 6-5】** 矩形截面简支梁［见图 6-19（a）的跨长 $l = 2$ m，载荷 $F = 40$ kN，求跨中截面 $C$ 上四点 $a$、$b$、$c$、$d$ 处［见图 6-19（b）］的正应力。

**解：**（1）求 $C$ 截面上的弯矩。绘出梁的弯矩图［见图 6-19（c）］，由图可知，$C$ 截面上的弯矩为：

$$M = \frac{1}{4}Fl = \frac{1}{4} \times 40 \text{ kN} \times 2 \text{ m} = 20 \text{ kN} \cdot \text{m}$$

（2）计算各点处的正应力。矩形截面对中性轴的惯性矩和弯曲截面系数分别为：

$$I_z = \frac{bh^3}{12} = \frac{0.15 \text{ m} \times 0.3^3 \text{ m}^3}{12} = 3.375 \times 10^{-4} \text{ m}^4$$

$$W_z = \frac{bh^2}{6} = \frac{0.15 \text{ m} \times 0.3^2 \text{ m}^2}{6} = 2.25 \times 10^{-3} \text{ m}^3$$

利用式（6-16）和式（6-17），截面 $C$ 上 $a$、$b$、$c$、$d$ 四点处的正应力分别为：

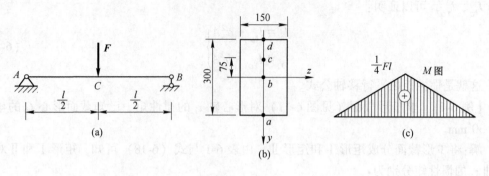

图 6-19

$$\sigma_a = \frac{M}{W_z} = \frac{20 \times 10^3 \text{ N} \cdot \text{m}}{2.25 \times 10^{-3} \text{ m}^3} = 8.89 \times 10^6 \text{ Pa} = 8.89 \text{ MPa(拉)}$$

$$\sigma_b = 0$$

$$\sigma_c = \frac{M_y}{I_z} = \frac{20 \times 10^3 \text{ N} \cdot \text{m} \times 0.075 \text{ m}}{3.375 \times 10^{-4} \text{ m}^4} = 4.44 \times 10^6 \text{ Pa} = 4.44 \text{ MPa(压)}$$

$$\sigma_d = \sigma_a = 8.89 \text{ MPa(压)}$$

### 6.3.3　梁横截面上的切应力

梁在横力弯曲时，横截面上还存在切应力。下面简单介绍矩形截面梁横截面上切应力的计算以及几种常见截面梁的最大切应力的计算。

#### 6.3.3.1　矩形截面梁

设宽为 $b$、高为 $h$ 的矩形截面 [见图 6-20 (a)] 上的剪力 $F_S$ 沿对称轴 $y$ 作用。若 $h>b$，则可对切应力的分布做如下假设：

（1）横截面上各点处的切应力 $\tau$ 的方向都平行于剪力 $F_S$；

（2）横截面上距中性轴等距离的各点处切应力大小相等。

根据以上假设，可以证明矩形截面梁横截面上切应力 $\tau$ 沿截面高度按抛物线规律变化 [见图 6-20 (b)]，距中性轴 $y$ 处的切应力为：

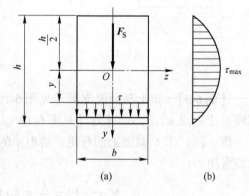

图 6-20

$$\tau = \frac{3F_S}{2bh}\left(1 - \frac{4y^2}{h^2}\right) \tag{6-19}$$

在横截面上、下边缘处切应力为零；在中性轴上各点处切应力最大，其值为：

$$\tau_{max} = \frac{3F_S}{2bh} \tag{6-20}$$

#### 6.3.3.2　其他常见截面梁

对于工字形截面梁、圆形截面梁和圆环形截面梁，横截面上的最大切应力也发生在中性轴上的各点处，并沿中性轴均匀分布（见图6-21），其值分别为：

工字形截面梁
$$\tau_{\max} = \frac{F_S}{A_1} \tag{6-21}$$

圆形截面梁
$$\tau_{\max} = \frac{4F_S}{3A} \tag{6-22}$$

圆环形截面梁
$$\tau_{\max} = 2\frac{F_S}{A} \tag{6-23}$$

式中，$A_1$ 为腹板部分的面积；$A$ 为横截面面积。

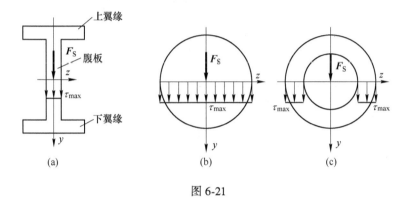

图 6-21

### 6.3.4　梁的强度条件与计算

#### 6.3.4.1　梁的强度条件

（1）正应力强度条件。等直梁弯曲时的最大正应力发生在最大弯矩所在横截面的上、下边缘各点处，在这些点处，切应力为零。仿照轴向拉（压）杆的强度条件，梁的正应力强度条件为：

$$\sigma_{\max} = \frac{M_{\max}}{W_z} \leqslant [\sigma] \tag{6-24}$$

式中，$[\sigma]$ 为材料的许用正应力，其值可从有关设计规范中查得。

对于拉伸与压缩力学性能不同的材料，则要求梁的最大拉应力 $\sigma_{t\max}$ 不超过材料的许用拉应力 $[\sigma_t]$，最大压应力 $\sigma_{c\max}$ 不超过材料的许用压应力 $[\sigma_c]$，即

$$\sigma_{t\max} \leqslant [\sigma_t], \ \sigma_{c\max} \leqslant [\sigma_c] \tag{6-25}$$

（2）切应力强度条件。梁内的最大切应力 $\tau_{\max}$ 发生在最大剪力所在横截面的中性轴上各点处，在这些点处，正应力为零。因此，梁的切应力强度条件为：

$$\tau_{\max} \leqslant [\tau] \tag{6-26}$$

式中，$[\tau]$ 为材料的许用切应力。

#### 6.3.4.2　梁的强度计算

为了保证梁能正常工作，梁必须同时满足正应力和切应力强度条件。由于正应力一般是梁内的主要应力，因此通常只需按正应力强度条件进行强度计算。但对跨度较短或支座附近有较大载荷作用的梁，自制组合截面且腹板较薄的梁以及木梁等，还需进行切应力强度计算。

**【例 6-6】**　矩形截面松木梁［见图 6-22（a）］的跨长 $l = 3$ m，横截面尺寸 $b = 120$ mm、$h = 180$ mm，梁上作用均布载荷 $q = 5$ kN/m，松木的许用正应力 $[\sigma] = 7$ MPa，许用切应力 $[\tau] = 1$ MPa，试校核梁的强度。若强度不够，试重新设计截面（设 $h/b = 1.5$）。

**解：**（1）绘制剪力图和弯矩图。梁的剪力图和弯矩图分别如图 6-22（b）、（c）所示。由图可知，最大剪力和最大弯矩分别为：

$$F_{S\max} = \frac{ql}{2} = \frac{5 \text{ kN/m} \times 3 \text{ m}}{2} = 7.5 \text{ kN}$$

$$M_{\max} = \frac{ql^2}{8} = \frac{5 \text{ kN/m} \times (3 \text{ m})^2}{8} = 5.63 \text{ kN} \cdot \text{m}$$

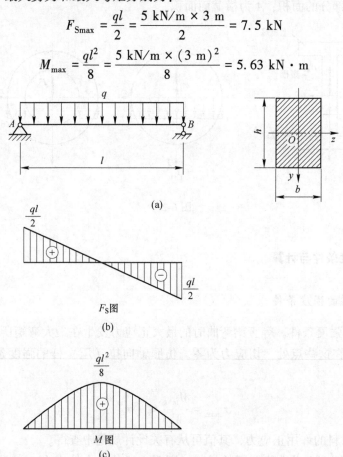

图 6-22

（2）梁的强度校核。梁的最大正应力为：

$$\sigma_{\max} = \frac{M_{\max}}{W_z} = \frac{M_{\max}}{\dfrac{bh^2}{6}} = \frac{5.63 \times 10^3 \text{ N} \cdot \text{m} \times 6}{120 \times 10^{-3} \text{ m} \times 180^2 \times 10^{-6} \text{ m}^2} = 8.69 \text{ MPa} > [\sigma] = 7 \text{ MPa}$$

梁不满足正应力强度条件。

（3）重新设计截面。由梁的正应力强度条件：

$$\sigma_{\max} = \frac{M_{\max}}{W_z} = \frac{M_{\max}}{\dfrac{b(1.5b)^2}{6}} \leqslant [\sigma]$$

得到：

$$b \geqslant \sqrt[3]{\frac{6M_{\max}}{1.5^2 \times [\sigma]}} = \sqrt[3]{\frac{6 \times 5.63 \times 10^3 \text{ N} \cdot \text{m}}{1.5^2 \times 7 \times 10^6 \text{ Pa}}} = 0.129 \text{ m} = 129 \text{ mm}$$

取 $b = 130$ mm，则 $h = 1.5b = 1.5 \times 130$ mm $= 195$ mm。

梁的最大切应力为：

$$\tau_{\max} = \frac{3F_{S\max}}{2A} = \frac{3F_{S\max}}{2bh} = \frac{3 \times 7.5 \times 10^3 \text{ N}}{2 \times 130 \times 10^{-3} \text{ m} \times 195 \times 10^{-3} \text{ m}} = 0.44 \text{ MPa} < [\tau] = 1 \text{ MPa}$$

可见，梁满足切应力强度条件。故取 $b = 130$ mm，$h = 195$ mm。

【例 6-7】　由 45c 号工字钢制成的悬臂梁［见图 6-23（a）］长 $l = 6$ m，材料的许用应力 $[\sigma] = 150$ MPa。试确定梁的许用载荷 $[F]$（不计梁的自重）。

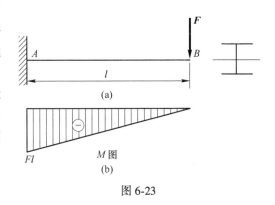

图 6-23

解：绘出弯矩图［见图 6-23（b）］，最大弯矩发生在梁固定端截面上，其值 $M_{\max} = Fl$。查附录一型钢规格表，45c 号工字钢的 $W_z = 1\,570$ cm³。由梁的正应力强度条件

$$\sigma_{\max} = \frac{M_{\max}}{W_z} = \frac{Fl}{W_z} \leqslant [\sigma]$$

可得：

$$F \leqslant \frac{[\sigma]W_z}{l} \frac{150 \times 10^6 \text{ Pa} \times 1570 \times 10^{-6} \text{ m}^3}{6 \text{ m}} = 39.3 \text{ kN}$$

所以梁的许用载荷 $[F]$ 为 39.3 kN。

【例 6-8】　由铸铁制成的外伸梁［见图 6-24（a）］的横截面为 T 形，截面对形心轴 $z_C$ 的惯性矩 $I_{z_C} = 1.36 \times 10^6$ mm⁴，$y_1 = 30$ mm。已知铸铁的许用拉应力 $[\sigma_t] = 30$ MPa，许用压应力 $[\sigma_c] = 60$ MPa。试校核梁的强度。

解：（1）绘制弯矩图。由梁的平衡方程，求得支座反力为：

$$F_A = 0.8 \text{ kN}, \quad F_B = 3.2 \text{ kN}$$

绘出弯矩图如图 6-24（b）所示。由弯矩图可以看出，最大正弯矩发生在截面 $C$ 上，$M_C = 0.8$ kN·m；最大负弯矩发生在截面 $B$ 上，$M_B = -1.2$ kN·m。

（2）强度校核。由截面 $C$ 和 $B$ 上的正应力分布情况［见图 6-24（c）、（d）］，截面 $C$ 上 $b$ 点和截面 $B$ 上 $c$、$d$ 点处的正应力分别为：

$$\sigma_b = \frac{M_C y_2}{I_{z_C}} = \frac{0.8 \times 10^3 \text{ N} \cdot \text{m} \times 50 \times 10^{-3} \text{ m}}{1.36 \times 10^6 \times 10^{-12} \text{ m}^4} = 29.4 \text{ MPa}(拉)$$

$$\sigma_c = \frac{M_B y_1}{I_{z_C}} = \frac{1.2 \times 10^3 \text{ N} \cdot \text{m} \times 30 \times 10^{-3} \text{ m}}{1.36 \times 10^6 \times 10^{-12} \text{ m}^4} = 26.5 \text{ MPa(拉)}$$

$$\sigma_d = \frac{M_B y_2}{I_{z_C}} = \frac{1.2 \times 10^3 \text{ N} \cdot \text{m} \times 50 \times 10^{-3} \text{ m}}{1.36 \times 10^6 \times 10^{-12} \text{ m}^4} = 44.1 \text{ MPa(拉)}$$

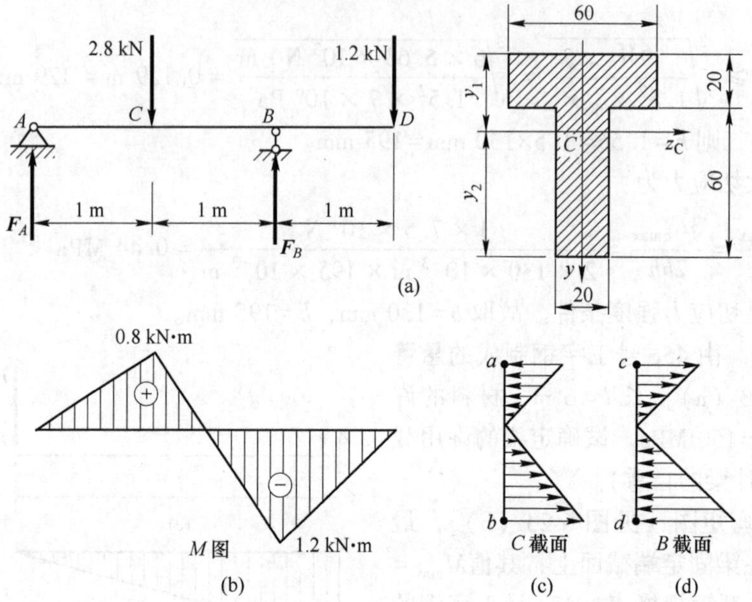

图 6-24

至于截面 $C$ 上 $a$ 点处的正应力（压应力），必小于截面 $B$ 上 $d$ 点处的正应力值，故不再计算。因此：

$$\sigma_{t\max} = \sigma_b = 29.4 \text{ MPa} < [\sigma_t] = 30 \text{ MPa}$$
$$\sigma_{c\max} = \sigma_d = 44.1 \text{ MPa} < [\sigma_c] = 60 \text{ MPa}$$

因此，梁的强度是足够的。

### 6.3.5　提高梁弯曲强度的主要措施

前已指出，正应力强度条件是梁强度计算的主要依据。从这一条件可以看出，欲提高梁的强度，一方面应降低最大弯矩 $M_{\max}$，另一方面则应提高弯曲截面系数 $W_z$。从以上两方面出发，工程中主要采取如下几项措施。

#### 6.3.5.1　合理布置梁的支座和载荷

当载荷一定时，梁的最大弯矩 $M_{\max}$ 与梁的跨度有关，因此，首先应合理布置梁的支座。例如，受均布载荷 $q$ 作用的简支梁 [见图 6-25（a）]，其最大弯矩为 $0.125ql^2$，若将梁两端支座向跨中方向移动 $0.2l$ [见图 6-25（b）]，则最大弯矩变为 $0.025ql^2$，仅为前者的 1/5。其次，若结构允许，应尽可能合理布置梁上载荷。例如，在跨中作用集中载荷 $F$ 的简支梁 [见图 6-25（a）]，其最大弯矩为 $Fl/4$，若在梁的中间安置一根长为 $l/2$ 的辅助梁 [见图 6-25（b）]，则最大弯矩变为 $Fl/8$，即为前者的一半。

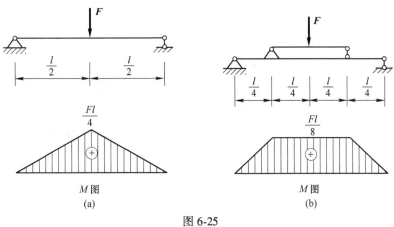

图 6-25

### 6.3.5.2　采用合理的截面

梁的最大弯矩确定后，梁的弯曲强度取决于弯曲截面系数。梁的弯曲截面系数 $W_z$ 越大，正应力越小。因此，在设计中，应当力求在不增加材料（用横截面面积来衡量）的条件下，使 $W_z$ 值尽可能增大，即应使截面的 $W_z/A$ 比值尽可能大，这种截面称为合理截面。例如，宽为 $b$、高为 $h$（$h>b$）的矩形截面梁，如将截面竖放 [见图 6-26（a）]，则 $W_{z1}=bh^2/6$，但若将截面平放 [见图 6-26（b）]，则 $W_{z2}=hb^2/6$，显然竖放比平放更为合理。由于梁横截面上的正应力沿截面高度线性分布，中性轴附近应力很小，该处材料远未发挥作用，若将这些材料移置到距中性轴较远处，便可使它们得到充分利用，形成合理截面。因此，工程中常采用工字形、槽形截面梁 [见图 6-26（c）、（d）]。

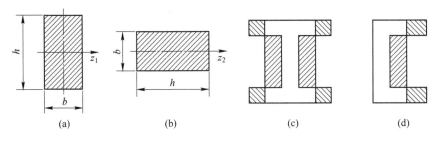

图 6-26

在讨论合理截面时，还应考虑材料的力学性能。对于抗拉强度与抗压强度相同的材料（如低碳钢），宜采用对称于中性轴的截面，如圆形、矩形、工字形等。这样可使截面上、下边缘处的最大拉应力与最大压应力数值相同。对于抗拉与抗压强度不相同的材料（如铸铁），宜采用中性轴偏于受拉一侧的截面，如 T 形截面（见图 6-27），这样可使最大拉应力和最大压应力同

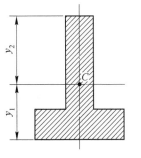
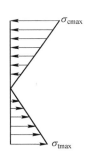

图 6-27

时接近许用应力。

### 6.3.5.3　采用变截面梁

等直梁在弯曲时，最大正应力发生在最大弯矩所在的横截面上，而其他横截面上的弯矩较小，应力也较低，材料未能充分利用。若在弯矩较大处采用较大的截面，在弯矩较小处采用较小的截面，就比较合理。这种横截面沿轴线变化的梁称为变截面梁。变截面梁的正应力计算仍可近似用等直梁的公式。若将变截面梁设计为使每个横截面上的最大正应力都等于材料的许用应力，这样的梁称为等强度梁。显然，等强度梁是最合理的结构形式。但由于等强度梁外形复杂，加工制造困难，因此工程中一般只采用近似等强度的变截面梁，例如图 6-28 所示各梁。

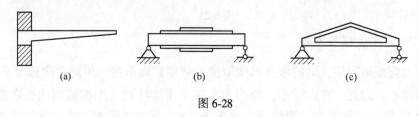

图 6-28

## 学习情境 6.4　连接件的实用计算

工程中的零件、构件之间，往往采用铆钉、螺栓、销钉以及键等部件相互连接（见图 6-29）。起连接作用的部件称为连接件。连接件在工作中主要承受剪切和挤压作用。由于连接件大多为粗短杆，应力和变形规律比较复杂，因此理论分析十分困难，通常采用实用计算法。

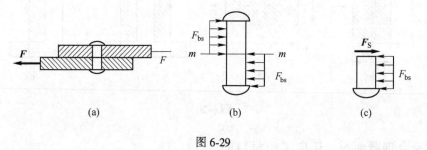

图 6-29

### 6.4.1　剪切的实用计算

现以铆钉为例 ［见图 6-29（a）］，介绍剪切的概念及实用计算。当上、下两块钢板以大小相等、方向相反、作用线相距很近且垂直于铆钉轴线的两个力 $F$ 作用于铆钉上时，铆钉将沿 $m$—$m$ 截面发生相对错动，即剪切变形 ［见图 6-29（b）］。如 $F$ 过大，铆钉会被剪断。$m$—$m$ 截面称为剪切面。应用截面法，将铆钉假想沿 $m$—$m$ 截面切开，并取其中一部分为研究对象 ［见图 6-29（c）］，利用平衡方程求得剪切面上的剪力 $F_S = F$。

在剪切的实用计算中，假定切应力在剪切面上均匀分布，因而有：

$$\tau = \frac{F_S}{A} \qquad (6\text{-}27)$$

式中，$A$ 为剪切面面积；$F_S$ 为该剪切面上的剪力。

剪切强度条件为：

$$\tau = \frac{F_S}{A} \leqslant [\tau] \qquad (6\text{-}28)$$

式中，$[\tau]$ 为连接件的许用切应力。

$[\tau]$ 由剪切破坏试验确定。对于钢材，其许用切应力与许用拉应力之间大致有如下关系：

$$[\tau] = (0.6 \sim 0.8)[\sigma]$$

### 6.4.2　挤压的实用计算

图 6-29 所示的铆钉在受剪切的同时，在钢板和铆钉的相互接触面上，还会出现局部受压现象，称为挤压。这种挤压作用有可能使接触处局部区域内的材料发生较大的塑性变形（见图 6-30）。连接件与被连接件的相互接触面，称为挤压面。挤压面上传递的压力称为挤压力，用 $F_{bs}$ 表示。挤压面上的应力称为挤压应力，用 $\sigma_{bs}$ 表示。在挤压的实用计算中，假定挤压应力在挤压面的计算面积 $A_{bs}$ 上均匀分布，因而有：

$$\sigma_{bs} = \frac{F_{bs}}{A_{bs}} \qquad (6\text{-}29)$$

挤压强度条件为：

$$\sigma_{bs} = \frac{F_{bs}}{A_{bs}} \leqslant [\sigma_{bs}] \qquad (6\text{-}30)$$

式中，$[\sigma_{bs}]$ 为材料的挤压许用应力，由试验测定。

对于钢材，其挤压许用应力 $[\sigma_{bs}]$ 与许用拉应力 $[\sigma]$ 之间大致有如下关系：

$$[\sigma_{bs}] = (1.7 \sim 2.0)[\sigma]$$

式（6-29）和式（6-30）中挤压面计算面积 $A_{bs}$ 规定如下：当挤压面为平面时（如键连接），$A_{bs}$ 即为该平面的面积；当挤压面为半圆柱面时（如铆钉、螺栓连接），$A_{bs}$ 为挤压面在其直径平面上投影的面积 [见图 6-31（b）中阴影部分的面积]。这是由于这样算得的挤压应力值，与理论分析所得的最大挤压应力值相近 [见图 6-31（a）]。

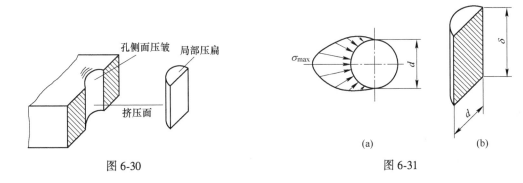

图 6-30　　　　　　　　　　　　　　　　　　　　　　　　图 6-31

**【例 6-9】**　齿轮用平键与轴连接［见图 6-32（a）］。已知轴的直径 $d = 56$ mm，键的尺寸为 $b = 16$ mm、$h = 10$ mm、$l = 125$ mm，传递的外力偶矩 $M_e = 1.6$ kN·m，键材料的许用应力 $[\tau] = 60$ MPa，$[\sigma_{bs}] = 100$ MPa。试校核平键的强度。

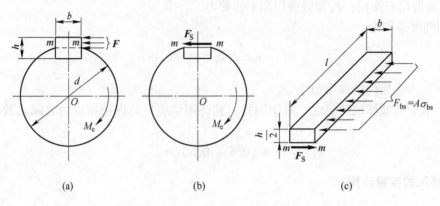

图 6-32

**解：**（1）校核键的剪切强度。将平键沿剪切面 $m$—$m$ 分成两部分，并把 $m$—$m$ 截面以下部分和轴作为一整体来考虑［见图 6-32（b）］。因为假定剪切面上切应力均匀分布，所以 $m$—$m$ 面上的剪力 $F_S$ 为：

$$F_S = A \cdot \tau = bl\tau$$

由平衡方程 $\sum M_o = 0$，得：

$$F_S \cdot \frac{d}{2} = bl\tau \cdot \frac{d}{2} = M_e$$

故有：

$$\tau = \frac{2M_e}{bld} = \frac{2 \times 1.6 \times 10^3 \text{ N} \cdot \text{m}}{16 \times 125 \times 56 \times 10^{-9} \text{ m}^3} = 28.6 \times 10^6 \text{ Pa} = 28.6 \text{ MPa} < [\tau] = 60 \text{ MPa}$$

可见平键满足剪切强度条件。

（2）校核键的挤压强度。考虑键在 $m$—$m$ 截面以上部分的平衡［见图 6-32（c）］。在 $m$—$m$ 截面上的剪力 $F_S = bl\tau$，右侧面上的挤压力 $F_{bs} = A\sigma_{bs} = \frac{h}{2}l\sigma_{bs}$，由平衡方程 $\sum F_x = 0$，得：

$$F_S = F_{bs} \quad \text{或} \quad bl\tau = \frac{h}{2}l\sigma_{bs}$$

故有：

$$\sigma_{bs} = \frac{2b\tau}{h} = \frac{2.16 \times 10^{-3} \text{ m} \times 28.6 \text{ MPa}}{10 \times 10^{-3} \text{ m}} = 91.4 \text{ MPa} < [\sigma_{bs}] = 100 \text{ MPa}$$

平键也满足挤压强度条件。

**【例 6-10】**　拖车挂钩用销钉连接［见图 6-33（a）］。销钉材料的许用应力 $[\tau] = 30$ MPa，$[\sigma_{bs}] = 80$ MPa。挂钩与被连接的板件厚度分别为 $\delta_1 = 8$ mm、$\delta_2 = 12$ mm。拖车拉力 $F = 15$ kN。试确定销钉的直径 $d$。

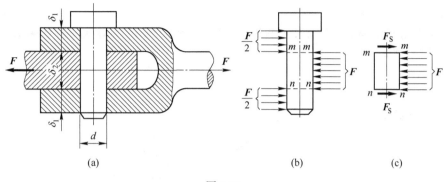

图 6-33

**解：**（1）由销钉的剪切强度条件确定销钉直径 $d$。根据销钉的受力情况［见图 6-33（b）］，销钉有 $m$—$m$ 和 $n$—$n$ 两个剪切面，这种情况称为双剪切。取销钉中段为研究对象［见图 6-33（c）］，由平衡方程 $\sum F_x = 0$，得：

$$F_S = \frac{F}{2}$$

根据剪切强度条件

$$\tau = \frac{F_S}{A} = \frac{\dfrac{F}{2}}{\dfrac{\pi d^2}{4}} \leqslant [\tau]$$

可得：

$$d \geqslant \sqrt{\frac{2F}{\pi[\tau]}} = \sqrt{\frac{2 \times 15 \times 10^3 \text{ N}}{\pi \times 30 \times 10^6 \text{ Pa}}} = 17.8 \times 10^{-3} \text{ m}$$

（2）由销钉的挤压强度条件确定销钉直径 $d$。由于销钉上段及下段的挤压力之和等于中段的挤压力，而中段的挤压面计算面积为 $\delta_2 d$，小于上段及下段挤压面计算面积之和 $2\delta_1 d$［见图 6-33（b）］，故应按中段进行挤压强度计算。

由挤压强度条件

$$\sigma_{bs} = \frac{F_{bs}}{A_{bs}} = \frac{F}{\delta_2 d} \leqslant [\sigma_{bs}]$$

可得：

$$d \geqslant \frac{F}{\delta_2[\sigma_{bs}]} = \frac{15 \times 10^3 \text{ N}}{12 \times 10^{-3} \text{ m} \times 80 \times 10^6 \text{ Pa}} = 15.6 \times 10^{-3} \text{ m}$$

最后选取销钉直径 $d = 18$ mm。

**思 考 题**

6-1 低碳钢的拉伸过程分为哪几个阶段？

6-2　材料的强度指标是什么，材料的塑性指标是什么？

6-3　图 6-34 所示结构中杆①为铸铁，杆②为低碳钢。试问图 6-34（a）和（b）两种结构设计方案哪一种较为合理，为什么？

6-4　三根尺寸相同但材料不同的拉杆，材料的 $\sigma$-$\varepsilon$ 曲线如图 6-35 所示，试问哪一种材料的强度高？哪一种材料的塑性好？

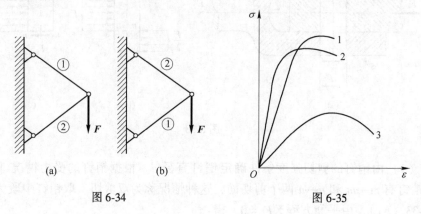

图 6-34　　　　　　　　　　　　　图 6-35

6-5　利用强度条件可以解决工程中哪三种类型的强度计算问题？

6-6　矩形截面梁高度增加 1 倍，梁的承载能力增加几倍？宽度增加 1 倍，承载能力又增加几倍？

6-7　当图 6-36 所示截面梁发生平面弯曲时，绘出横截面上的正应力沿截面高度的分布图。

6-8　组合变形问题的分析方法是怎样的？试对图 6-36（c）所示情况进行分析。

6-9　什么是危险截面，什么是危险点？它们在杆件强度计算中起什么作用？

6-10　什么是截面形心？它在工程设计中有何实际意义？

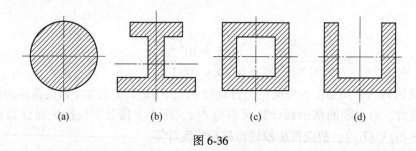

图 6-36

6-11　图 6-37 所示为实心圆轴和空心圆轴扭转时横截面上的切应力分布图，试判断它们是否正确。

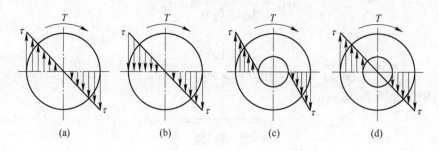

图 6-37

6-12 若单元体的对应面上同时存在切应力和正应力，切应力互等定理是否依然成立？

6-13 剪切和挤压的实用计算采用了什么假设？它与"平面假设"有何不同？

6-14 试指出图6-38所示连接接头中的剪切面和挤压面。

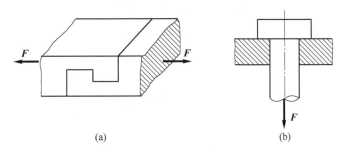

(a)                                      (b)

图 6-38

## 选 择 题

6-1 图6-39所示变截面直杆，$AB$段横截面面积为$A_1 = 400\ mm^2$，$BC$段横截面面积为$A_2 = 300\ mm^2$，$CD$段横截面面积为$A_3 = 200\ mm^2$，则最大工作应力为_____MPa。

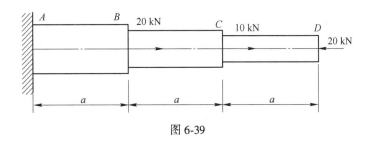

图 6-39

A. 66       B. 150       C. 100       D. 20

6-2 低碳钢的拉伸过程可分为以下四个阶段：_____。
   A. 强化阶段、弹性阶段、屈服阶段、局部变形阶段
   B. 弹性阶段、屈服阶段、强化阶段、局部变形阶段
   C. 屈服阶段、强化阶段、弹性阶段、局部变形阶段
   D. 屈服阶段、弹性阶段、强化阶段、局部变形阶段

6-3 根据_____可得出结论：矩形截面杆受扭时，横截面上边缘各点的剪应力必平行于截面周边，而角点处剪应力为零。
   A. 平面假设            B. 剪应力互等定理
   C. 各向同性假设       D. 剪切胡克定律

6-4 研究一点应力状态的任务是_____。
   A. 了解构件不同横截面上的应力变化规律
   B. 了解横截面上的应力随外力的变化情况
   C. 找出构件同一截面上应力变化的规律

D. 找出构件内一点在不同方位截面上的应力变化规律

6-5　图 6-40 所示拉杆在轴向拉力 $P$ 的作用下，杆的横截面面积为 $A$，则 $(P/A)\cos\alpha$ 为_____。

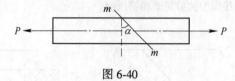

图 6-40

A. 斜截面上的正应力　　　　　　　　　　　B. 斜截面上的剪应力

C. 横截面上的正应力　　　　　　　　　　　D. 斜截面上的总应力

习　题

6-1　图 6-41 所示一中段开槽的直杆，承受轴向拉力 $F = 14$ kN 的作用。求横截面 1—1 和 2—2 上的正应力。

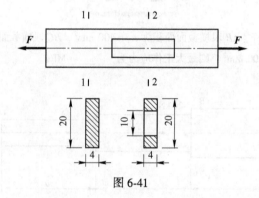

图 6-41

6-2　求图 6-42 所示各杆的最大正应力。已知图 6-42（a）所示等直杆的横截面面积 $A = 400$ mm$^2$；图 6-42（b）所示阶梯杆各段的横截面面积分别为 $A_1 = 200$ mm$^2$、$A_2 = 300$ mm$^2$、$A_3 = 400$ mm$^2$。

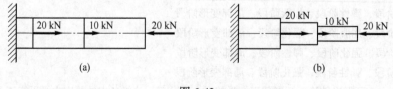

图 6-42

6-3　如图 6-43 所示蒸汽机的气缸的内径 $D = 560$ mm，内压强 $P = 2.5$ MPa，活塞杆直径 $d = 100$ mm，所用材料的许用应力 $[\sigma] = 100$ MPa。

（1）试校核活塞杆的强度。

（2）若连接气缸和气缸盖的螺栓直径为 30 mm，螺栓材料的许用应力 $[\sigma] = 60$ MPa，求连接气缸盖所需的螺栓数。

6-4　图 6-44 所示小车上作用有力 $F = 15$ kN，小车可以在横梁 $AC$ 上移动。设小车对 $AC$ 梁的作用可简化为集中力。斜杆 $AB$ 为钢质圆杆，其许用应力 $[\sigma] = 170$ MPa。试设计斜杆 $AB$ 的直径（提示：小车移动至 $AC$ 梁的 $A$ 端时，$AB$ 杆最危险）。

6-5　图 6-45 所示起重机，钢索 $AB$ 的横截面面积 $A = 500$ mm$^2$，许用应力 $[\sigma] = 40$ MPa。试根据钢索的强度条件确定起重机的许用起重量 $[W]$。

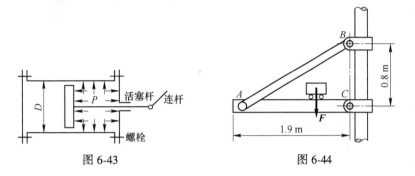

图 6-43　　　　　　　　　　　　　图 6-44

6-6　图 6-46 所示简易吊车中，$BC$ 为钢杆，$AB$ 为木杆。杆 $AB$ 的横截面面积 $A_1 = 1 \times 10^4$ mm$^2$，许用压应力 $[\sigma]_1 = 7$ MPa；杆 $BC$ 的横截面面积 $A_2 = 600$ mm$^2$，许用应力 $[\sigma]_2 = 160$ MPa。求许用吊重 $[W]$。

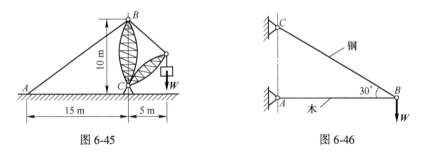

图 6-45　　　　　　　　　　　　　图 6-46

6-7　横截面为圆环形的梁，受正弯矩 $M = 10$ kN·m 的作用。求横截面上 $a$、$b$、$c$ 三点处的正应力，如图 6-47 所示。

6-8　图 6-48 所示一简支梁，求其横截面 $D$ 上 $a$、$b$、$c$ 三点处的切应力。

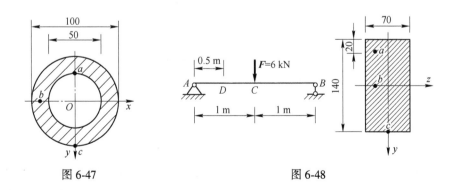

图 6-47　　　　　　　　　　　　　图 6-48

6-9　图 6-49 所示矩形截面外伸木梁受均布载荷作用，已知材料的许用正应力 $[\sigma] = 10$ MPa，许用切应力 $[\tau] = 2$ MPa，试校核该梁的强度。

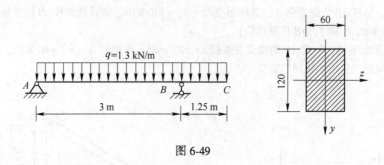

图 6-49

6-10　图 6-50 所示钢简支梁，已知钢材的许用应力 $[\sigma]=170$ MPa。

(1) 选择 $h/b=1.5$ 的矩形截面。

(2) 选择工字钢型号。

(3) 比较以上两种截面耗用钢材的情况。

6-11　20a 号工字钢梁的支撑与受力情况如图 6-51 所示，若钢材的许用应力 $[\sigma]=160$ MPa，求许用载荷 $[F]$。

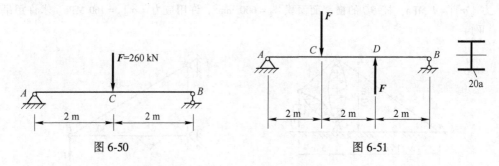

图 6-50　　　　　　　　　　　　　　图 6-51

6-12　图 6-52 所示为一承受纯弯曲的铸铁梁，其截面为倒 T 形，材料的拉伸与压缩许用应力之比 $[\sigma_t]/[\sigma_c]=1/4$。求翼缘的合理宽度 $b$。

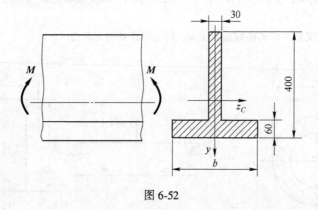

图 6-52

6-13　倒 T 形截面铸铁悬臂梁，尺寸及载荷如图 6-53 所示。若材料的许用拉应力 $[\sigma_t]=40$ MPa，许用压应力 $[\sigma_c]=160$ MPa，截面对形心轴 $z_C$ 的惯性矩 $I_{z_C}=101.8\times10^6$ mm$^4$，$y_1=96.4$ mm。求该梁的许可载荷 $[F]$。

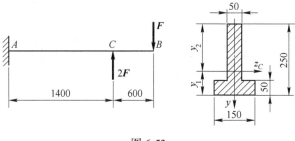

图 6-53

6-14　用起重机匀速起吊一钢管（见图 6-54），已知钢管长 $l = 60$ m，外径 $D = 325$ mm，内径 $d = 309$ mm，单位长度重 $q = 625$ N/m，材料的许用应力 $[\sigma] = 120$ MPa。

　　（1）求吊索的合理位置 $x$。

　　（2）校核吊装时钢管的强度。

6-15　图 6-55 所示圆形截面木料直径为 $d$，现从中切取一矩形截面梁。若要使矩形截面梁的弯曲强度最高，$h/b$ 为多少？

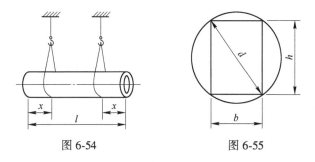

图 6-54　　　　　　　　　　图 6-55

6-16　横截面为正方形的简支斜梁（见图 6-56），承受铅直载荷 $F = 3$ kN 作用。已知边长 $a = 100$ mm。求梁内的最大拉应力和最大压应力，并指出各发生在哪个横截面上。

6-17　简易吊车的计算简图如图 6-57 所示，横梁 $AB$ 用工字钢制成。已知小车连同吊重共重 $W = 24$ kN，小车给横梁的力可视为集中力，横梁 $AB$ 长 $l = 4$ m，$\alpha = 30°$，钢材的许用应力 $[\sigma] = 100$ MPa，试选择工字钢的型号（提示：小车与吊重移至横梁 $AB$ 中点时，横梁 $AB$ 最危险）。

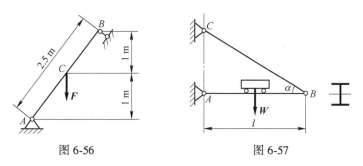

图 6-56　　　　　　　　　　图 6-57

6-18　钩头螺栓受力简化如图 6-58 所示。已知螺栓材料的许用应力 $[\sigma] = 120$ MPa。求螺栓所能承受的许用预紧力 $[F]$。

6-19　图 6-59 所示为一矩形截面厂房立柱。受载荷 $F_1 = 100$ kN、$F_2 = 45$ kN 作用，若要使立柱截面内不出现拉应力，求截面高度 $h$。

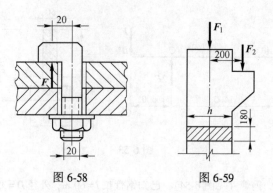

图 6-58　　　　　　　　　　图 6-59

6-20　图 6-60 所示一矩形截面的木杆，受拉力 $F = 100$ kN，已知木材的许用拉应力 $[\sigma_t] = 6$ MPa。求木杆的切槽允许深度 $a$。

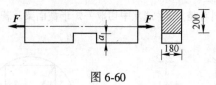

图 6-60

6-21　在直径 $d = 20$ mm 的实心圆轴的各截面上作用 $T = 100$ N·m 的扭矩。求轴的最大切应力 $\tau_{\max}$ 及横截面上距圆心 $\rho = 5$ mm 点处的切应力。

6-22　阶梯形圆轴直径分别为 $d_1 = 40$ mm、$d_2 = 70$ mm，轴上装有三个带轮，如图 6-61 所示。已知由轮 3 输入的功率 $P_3 = 30$ kW，轮 1 输出的功率 $P_1 = 13$ kW，轴做匀速转动，转速 $n = 200$ r/min，材料的许用应力 $[\tau] = 60$ MPa。试校核轴的强度。

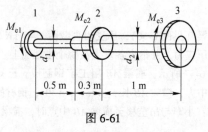

图 6-61

6-23　如图 6-62 所示，实心轴和空心轴通过牙嵌式离合器连接在一起。已知轴的转速 $n = 100$ r/min，传递功率 $P = 7.5$ kW，材料的许用应力 $[\tau] = 40$ MPa。试选择实心轴的直径 $d_1$ 和内外径比值为 1/2 的空心轴的外径 $D_2$。

6-24　有一钢制圆截面传动轴如图 6-63 所示，其直径 $d = 70$ mm，转速 $n = 120$ r/min，材料的许用应力 $[\tau] = 60$ MPa。试确定该轴所能传递的许用功率。

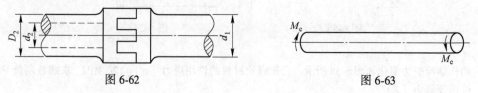

图 6-62　　　　　　　　　　　　　　图 6-63

6-25　如图 6-64 所示，已知钻探机钻杆的外径 $D = 60$ mm，内径 $d = 50$ mm，功率 $P = 7.36$ kW，转速 $n = 180$ r/min，钻杆入土深度 $l = 40$ m，钻杆材料的许用应力 $[\tau] = 40$ MPa。假设土壤对钻杆的阻力沿

钻杆长度均匀分布，求：

（1）单位长度上土壤对钻杆的阻力矩 $M_e$。

（2）绘出钻杆的扭矩图，并进行强度校核。

6-26　已知图 6-65 所示键的尺寸 $l = 35$ mm，$h = b = 5$ mm，材料的许用应力 $[\tau] = 100$ MPa，$[\sigma_{bs}] = 220$ MPa。求手柄上端作用载荷的许可值 $[F]$。

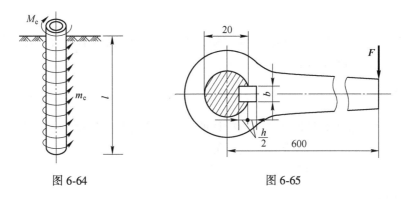

图 6-64　　　　　　　　　　　图 6-65

6-27　求图 6-66 所示连接中所需铆钉的最小直径。已知 $F = 200$ kN，$\delta = 20$ mm，铆钉材料的许用应力 $[\tau] = 80$ MPa，$[\sigma_{bs}] = 200$ MPa。

6-28　如图 6-67 所示，正方形截面的混凝土柱，其横截面边长为 200 mm，其基底为边长 $a = 1$ m 的正方形混凝土板，柱受轴向压力 $F = 100$ kN 作用。假设地基对混凝土板的支反力为均匀分布，混凝土的许用应力 $[\tau] = 1.5$ MPa。为使柱不致穿过混凝土板，则板的最小厚度 $t$ 应为多少？

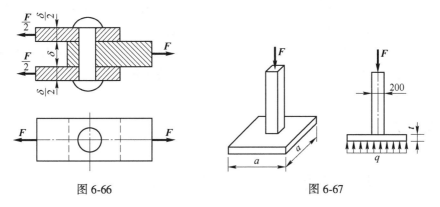

图 6-66　　　　　　　　　　　图 6-67

# 模块 7　杆件的变形与刚度计算

杆件除满足强度要求外，还必须满足刚度要求。本模块介绍杆件在拉压、扭转和弯曲时的变形计算，以及圆轴和梁的刚度计算。

## 知识目标

（1）理解杆件拉压时弹性模量和泊松比的意义，掌握胡克定律的多种表示方式。
（2）理解圆轴扭转时的变形与刚度计算。
（3）理解杆件弯曲时的变形与刚度计算

## 技能目标

（1）能够运用胡克定律解决相关问题。
（2）会计算杆件弯曲时的变形与刚度。

## 思政课堂

运动项目中，跳远的踏跳板、撑竿跳高的杆、跳马的踏板等都用到了弹力。本模块会介绍构件受到外力作用后发生变形的弹性定律，即胡克定律。胡克定律是弹性的基本定律，弹性是固体的重要特性。其实，早在胡克之前，1500 年，我国东汉郑玄所著《考工记·弓人》中就有"假令弓力胜三石，引之中三尺，每加物一石，则张一尺"，明显地揭示了弹力和形变成正比关系。

## 相关知识

## 学习情境 7.1　杆件拉（压）时的变形

直杆受轴向拉力作用时，其产生的主要变形是沿轴线方向的伸长，同时杆的横向尺寸也有所缩小［见图 7-1（a）］。设杆的原长为 $l$，变形后的长度为 $l_1$，则该杆沿长度方向的变形为：

$$\Delta l = l_1 - l$$

式中，$\Delta l$ 为杆的纵向变形。

在拉伸变形的情况下，$l_1 > l$，$\Delta l > 0$；在压缩变形的情况下［见图 7-1（b）］，$l_1 < l$，$\Delta l < 0$。纵向变形 $\Delta l$ 只反映杆在纵向的总变形量，它与杆的原长有关。为了进一步刻画杆的变形程度，根据学习情境 4.3 中线应变的概念，在杆各部分都均匀伸长的情况下，纵向变形 $\Delta l$ 与原长 $l$ 的比值称为纵向线应变，用 $\varepsilon$ 表示，即

$$\varepsilon = \frac{\Delta l}{l} \qquad (7\text{-}1)$$

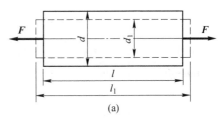

显然，拉伸时 $\varepsilon > 0$，称为拉应变；压缩时 $\varepsilon < 0$，称为压应变。$\varepsilon$ 是一个量纲为 1 的量。

设图 7-1（a）所示拉杆原横向尺寸为 $d$，变形后缩小为 $d_1$，则其横向变形为：

$$\Delta d = d_1 - d$$

相应的横向线应变为：

$$\varepsilon' = \frac{\Delta d}{d} \qquad (7\text{-}2)$$

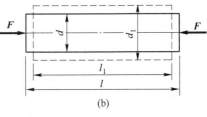

杆件受拉时［见图 7-1（a）］，$\Delta d < 0$，$\varepsilon' < 0$；受压时［见图 7-1（b）］，$\Delta d > 0$，$\varepsilon' > 0$。大量试验表明，当杆件变形在弹性范围内时，

图 7-1

其横向线应变 $\varepsilon'$ 与纵向线应变 $\varepsilon$ 之比的绝对值为一常数，即

$$\nu = \left| \frac{\varepsilon'}{\varepsilon} \right| \qquad (7\text{-}3)$$

式中，$\nu$ 为泊松比或横向变形因数。

泊松比是一个量纲为 1 的量，其值随材料而异，可由试验测定。考虑到 $\varepsilon'$ 与 $\varepsilon$ 的符号恒相反，由式（7-3）可得：

$$\varepsilon' = -\nu\varepsilon \qquad (7\text{-}4)$$

大量试验表明，当杆件变形在弹性范围内时，杆的纵向变形 $\Delta l$ 与杆的轴力 $F_N$、杆长 $l$ 成正比，与横截面面积 $A$ 成反比，即

$$\Delta l \propto \frac{F_N l}{A}$$

引入比例常数 $E$，则有：

$$\Delta l = \frac{F_N l}{EA} \qquad (7\text{-}5)$$

式中，$E$ 为弹性模量；$EA$ 为杆的拉压刚度，它是单位长度的杆产生单位长度的变形所需的力，代表了杆件抵抗拉伸（压缩）变形的能力。

因 $\sigma = \dfrac{F_N}{A}$、$\varepsilon = \dfrac{\Delta l}{l}$，故式（7-5）也可改写为：

$$\sigma = E\varepsilon$$

上式即为式（4-1），称为胡克定律。它表明材料在弹性范围内应力与应变的物理关系。

弹性模量 $E$ 和泊松比 $\nu$ 是材料固有的两个弹性常数。表 7-1 给出了一些常用材料的 $E$、$\nu$ 的约值，供参考。

表 7-1　常用材料的 $E$ 和 $\nu$ 的约值

| 材　料 | $E/\mathrm{GPa}$ | $\nu$ | 材　料 | $E/\mathrm{GPa}$ | $\nu$ |
|---|---|---|---|---|---|
| 低碳钢 | 196~216 | 0.24~0.28 | 铝及硬铝合金 | 71 | 0.32~0.36 |

| 材　料 | $E/\text{GPa}$ | $\nu$ | 材　料 | $E/\text{GPa}$ | $\nu$ |
|---|---|---|---|---|---|
| 中碳钢 | 205 | 0.24~0.28 | 花岗岩 | 48 | 0.16~0.34 |
| 16Mn 钢 | 196~216 | 0.25~0.30 | 石灰岩 | 41 | 0.16~0.34 |
| 合金钢 | 186~216 | 0.25~0.30 | 混凝土 | 15~35 | 0.16~0.18 |
| 铸铁 | 59~162 | 0.23~0.27 | 木材（顺纹） | 10~12 | |
| 铜及其合金 | 72~127 | 0.31~0.36 | 橡胶 | 0.0078 | 0.47 |

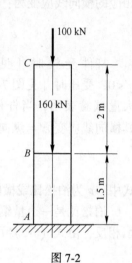

图 7-2

【例 7-1】　一木方柱（见图 7-2）受轴向载荷作用，横截面边长 $a = 200$ mm，材料的弹性模量 $E = 10$ GPa，杆的自重不计。求各段柱的纵向线应变及柱的总变形。

**解：** 由于上下两段柱的轴力不等，故两段柱的纵向变形要分别计算。各段柱的轴力为：

$$F_{NBC} = -100 \text{ kN}$$
$$F_{NAB} = -260 \text{ kN}$$

各段柱的纵向变形为：

$$\Delta l_{BC} = \frac{F_{NBC} l_{BC}}{EA} = -\frac{100 \times 10^3 \text{ N} \times 2 \text{ m}}{10 \times 10^9 \text{ Pa} \times (0.2 \text{ m})^2}$$
$$= -0.5 \times 10^{-3} \text{ m} = -0.5 \text{ mm}$$

$$\Delta l_{AB} = \frac{F_{NAB} l_{AB}}{EA} = -\frac{260 \times 10^3 \text{ N} \times 1.5 \text{ m}}{10 \times 10^9 \text{ Pa} \times (0.2 \text{ m})^2}$$
$$= -0.975 \times 10^{-3} \text{ m} = -0.975 \text{ mm}$$

各段柱的纵向线应变为：

$$\varepsilon_{BC} = \frac{\Delta l_{BC}}{l_{BC}} = -\frac{0.5 \text{ mm}}{2000 \text{ mm}} = -2.5 \times 10^{-4}$$

$$\varepsilon_{AB} = \frac{\Delta l_{AB}}{l_{AB}} = -\frac{0.975 \text{ mm}}{1500 \text{ mm}} = -6.5 \times 10^{-4}$$

全柱的总变形为两段柱的变形之和，即

$$\Delta l = \Delta l_{BC} + \Delta l_{AB} = -0.5 \text{ mm} - 0.975 \text{ mm} = -1.475 \text{ mm}$$

【例 7-2】　一直径为 $d = 10$ mm 的圆形截面杆，在轴向拉力 $F$ 作用下，直径减小 0.0021 mm，设材料的弹性模量 $E = 210$ GPa，泊松比 $\nu = 0.3$，求轴向拉力 $F$。

**解：** 由于已知杆的直径缩小量，因此先求出杆的横向线应变为：

$$\varepsilon' = -\frac{\Delta d}{d} = -\frac{0.0021 \text{ mm}}{10 \text{ mm}} = -2.1 \times 10^{-4}$$

由式（7-4），杆的纵向线应变为：

$$\varepsilon = -\frac{\varepsilon'}{\nu} = 7 \times 10^{-4}$$

根据胡克定律可得横截面上的正应力为：

$$\sigma = E\varepsilon = 210 \times 10^9 \text{ Pa} \times 7 \times 10^{-4} = 147 \times 10^6 \text{ Pa} = 147 \text{ MPa}$$

故：

$$F = \sigma A = 147 \times 10^6 \text{ Pa} \times (0.01 \text{ m})^2 \pi/4 = 11.54 \times 10^3 \text{ N} = 11.54 \text{ kN}$$

# *学习情境 7.2　圆轴扭转时的变形与刚度计算

## 7.2.1　变形计算

圆轴在扭转时的变形用两个横截面间绕轴线的相对扭转角来度量（见图 5-6）。可知，相距 $dx$ 的两个横截面间的扭转角为：

$$d\varphi = \frac{T}{GI_P}dx$$

因此，相距 $l$ 的两个横截面间的扭转角为：

$$\varphi = \int_l d\varphi = \int_0^l \frac{T}{GI_P}dx \tag{7-6}$$

当 $T$、$G$、$I_P$ 为常量时，式（7-6）成为：

$$\varphi = \frac{Tl}{GI_P} \tag{7-7}$$

工程中通常采用单位长度扭转角 $\theta$，即

$$\theta = \frac{\varphi}{l} = \frac{T}{GI_P} \times \frac{180°}{\pi} \tag{7-8}$$

式（7-6）~式（7-8）为圆轴扭转变形的公式。式中，$\varphi$ 的单位是 rad（弧度），$\theta$ 的单位是（°）/m（度/米）。上述公式适用于材料在弹性范围内的情况。

## 7.2.2　刚度计算

在设计受扭圆轴时，不仅要使其满足强度条件，而且还要满足刚度条件，即限制轴的扭转变形在一定的范围之内。通常规定圆轴的最大单位长度扭转角 $\theta_{max}$ 不能超过某一规定的许用值 $[\theta]$，即

$$\theta_{max} = \frac{T_{max}}{GI_P} \times \frac{180°}{\pi} \leqslant [\theta] \tag{7-9}$$

式（7-9）称为刚度条件。式中的 $[\theta]$ 称为单位长度许用扭转角。对于一般的传动轴，$[\theta] = 0.5°/\text{m} \sim 1.0°/\text{m}$；对于精密机器的轴，$[\theta] = 0.15°/\text{m} \sim 0.3°/\text{m}$。各种轴的单位长度许用扭转角 $[\theta]$ 可在有关手册中查到。

利用刚度条件，可以进行刚度校核、设计截面和确定许用载荷等三种类型的刚度计算问题。

【例 7-3】　圆轴受到扭矩 $T = 4$ kN·m 的作用，已知材料的切变模量 $G = 80$ GPa，单位长度许用扭转角 $[\theta] = 0.25°/\text{m}$，试由刚度条件设计圆轴的直径。

**解**：由式（7-9）可得：

$$I_P \geqslant \frac{T}{G[\theta]} \times \frac{180°}{\pi} = \frac{4 \times 10^3 \text{ N} \cdot \text{m} \times 180°}{80 \times 10^9 \text{ Pa} \times 0.25°/\text{m} \times \pi} = 1.146 \times 10^{-5} \text{ m}^4$$

因为 $I_P = \dfrac{\pi d^4}{32}$ ，所以有：

$$d = \sqrt[4]{\dfrac{32I_P}{\pi}} \geqslant \sqrt[4]{\dfrac{32 \times 1.146 \times 10^{-5} \text{m}^4}{\pi}} = 104 \text{ mm}$$

【例 7-4】　一受扭圆钢轴，横截面直径 $d = 25$ mm，材料的切变模量 $G = 80$ GPa，当两端截面间的相对扭转角为 6°时轴内最大切应力为 95 MPa，求此轴的长度。

**解:**由式 (5-2)，有：

$$\tau_{\max} = \frac{T \cdot \rho_{\max}}{I_P} = \frac{Td}{2I_P}$$

代入式 (7-7)，得：

$$\varphi = \frac{2\tau_{\max}l}{Gd} \times \frac{180°}{\pi}$$

故：

$$l = \frac{\pi d G \varphi}{2\tau_{\max} \times 180°} = \frac{\pi \times 0.025 \text{ m} \times 80 \times 10^9 \text{ Pa} \times 6°}{2 \times 95 \times 10^6 \text{ Pa} \times 180°} = 1.1 \text{ m}$$

# *学习情境 7.3　杆件弯曲时的变形与刚度计算

## 7.3.1　梁的挠曲线近似微分方程

取梁变形前的轴线为 $x$ 轴，与轴线垂直指向下的轴为 $\omega$ 轴。在平面弯曲的情况下，梁变形后的轴线在 $x\omega$ 平面内弯成一曲线（见图 7-3 中虚线），称为梁的挠曲线。

梁受力变形后，其横截面形心在 $\omega$ 方向的线位移称为该截面的挠度，也用 $\omega$ 表示，规定挠度 $\omega$ 以向下为正。横截面绕其中性轴转过的角度称为该截面的转角，用 $\theta$

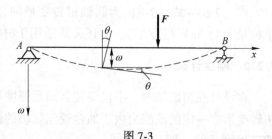

图 7-3

表示。规定 $\theta$ 以顺时针转向为正。根据平面假设，梁变形后的横截面仍保持为平面并与挠曲线正交，因而横截面的转角 $\theta$ 也等于挠曲线在该截面处的切线与 $x$ 轴的夹角（见图 7-3）。挠度和转角是表示梁变形的两个基本量。在小变形条件下，横截面形心在 $x$ 方向的线位移与 $\omega$ 相比为高阶小量，通常略去不计。

梁的挠度和转角都是 $x$ 的函数，即

$$\omega = \omega(x) , \quad \theta = \theta(x)$$

上两式分别称为梁的挠曲线方程和转角方程。在小变形情况下，由于转角 $\theta$ 很小，因此可得挠度与转角的下述关系：

$$\frac{\mathrm{d}\omega}{\mathrm{d}x} = \omega' = \tan\theta \approx \theta \tag{7-10}$$

在学习情境 6.3 研究梁纯弯曲的正应力公式时，曾得出挠曲线曲率 $k$ 的表达式

（6-15），即

$$k = \frac{1}{\rho} = \frac{M}{EI} \tag{7-11}$$

在横力弯曲时，当梁的跨度 $l$ 大于横截面高度 10 倍以上时，剪力对变形的影响可以不计，故仍可采用式（7-11），但此时弯矩 $M$ 与曲率半径 $\rho$ 都是 $x$ 的函数，即

$$k(x) = \frac{1}{\rho(x)} = \frac{M(x)}{EI} \tag{7-12}$$

在高等数学中，平面曲线的曲率表达式为：

$$k(x) = \frac{1}{\rho(x)} = \pm \frac{\omega''}{(1 + \omega'^2)^{3/2}} \tag{7-13}$$

在小变形条件下，$\omega'$ 是一个很小的量，$\omega'^2$ 与 1 相比可忽略不计，故式（7-13）又可近似写为：

$$\frac{1}{\rho(x)} = \pm \omega''$$

代入式（7-12），得：

$$\omega'' = \pm \frac{M(x)}{EI} \tag{7-14}$$

在图 7-4（a）中，梁下凸时，$M(x)$ 为正，而二阶导数 $\omega'' < 0$，即正号的 $M(x)$ 与负号的 $\omega''$ 相对应；在图 7-4（b）中，负号的 $M(x)$ 与正号的 $\omega''$ 相对应。可见，为了保持式（7-14）两边的符号一致，式（7-14）的右边应取负号，即

$$\omega'' = -\frac{M(x)}{EI} \tag{7-15}$$

式（7-15）称为梁的挠曲线近似微分方程。

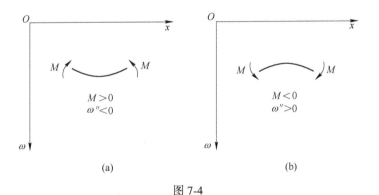

图 7-4

### 7.3.2　用积分法求梁的变形

对于等直梁可直接对式（7-15）进行积分，得转角方程为：

$$\theta = \omega' = -\frac{1}{EI}\left[\int M(x)\,\mathrm{d}x + c\right] \tag{7-16}$$

再积分一次得挠曲线方程为：

$$\omega = -\frac{1}{EI}\left\{\int\left[\int\left[\int M(x)\,dx\right]dx + Cx + D\right]\right\}\qquad (7\text{-}17)$$

式中，$C$ 和 $D$ 为积分常数，其值可通过边界条件来确定。例如，悬臂梁［见图 7-5（a）］在支座 $A$ 处，挠度 $\omega_A$ 和转角 $\theta_A$ 都等于零；简支梁［见图 7-5（b）］在支座 $A$ 和支座 $B$ 处，其挠度都等于零。这种条件称为边界条件。利用它确定积分常数 $C$ 和 $D$ 后，就可求得梁的转角方程和挠曲线方程，从而求得梁任一横截面的转角和挠度。这种求挠度和转角的方法称为积分法。

【**例 7-5**】　求悬臂梁（见图 7-6）的挠曲线方程、转角方程以及最大挠度 $\omega_{max}$ 和最大转角 $\theta_{max}$。设 $EI$ 为常数。

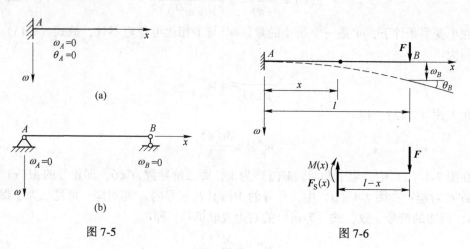

图 7-5　　　　　　　　　　　　　　　　图 7-6

**解：**（1）求挠曲线方程和转角方程。梁的弯矩方程为：

$$M(x) = -F(l - x)\quad (0 \leqslant x \leqslant l)$$

挠曲线近似微分方程为：

$$\omega'' = -\frac{1}{EI}F(l - x)\qquad (7\text{-}18)$$

对式（7-18）积分两次，得：

$$\theta(x) = \frac{1}{EI}\left(Flx - \frac{Fx^2}{2} + C\right)\qquad (7\text{-}19)$$

$$\omega(x) = \frac{1}{EI}\left(\frac{Flx^2}{2} - \frac{Fx^3}{6} + Cx + D\right)\qquad (7\text{-}20)$$

将边界条件 $x = 0$ 处，$\omega_A = 0$ 及 $\theta_A = 0$ 分别代入式（7-19）和式（7-20），解得：

$$C = 0,\ D = 0$$

将积分常数 $C$ 和 $D$ 的值代入式（7-19）和式（7-20），得转角方程和挠曲线方程分别为：

$$\theta(x) = \frac{Fx}{2EI}(2l - x)$$

$$\omega(x) = \frac{Fx^2}{6EI}(3l - x)$$

（2）求最大挠度和最大转角。利用高等数学中求极值的方法，可以由转角方程和挠曲线方程求得最大转角和最大挠度。但一般地，根据梁的受力、边界条件以及弯矩的正负就能绘出挠曲线的大致形状。本例中梁的挠曲线如图 7-6 中虚线所示。由此可知，梁的最大转角和最大挠度都发生在自由端 $B$ 处，其值为：

$$\theta_{\max} = \theta_B = \theta(l) = \frac{Fl^2}{2EI}$$

$$\omega_{\max} = \omega_B = \omega(l) = \frac{Fl^3}{3EI}$$

挠度为正，说明梁端截面 $B$ 的形心向下移动；转角为正，说明梁端截面 $B$ 绕其中性轴顺时针方向转动。

【例7-6】　简支梁（见图7-7）受均布载荷 $q$ 作用，求挠曲线方程和转角方程，并求最大挠度 $\omega_{\max}$ 和最大转角 $\theta_{\max}$。设 $EI$ 为常数。

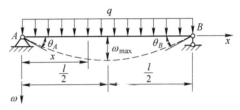

**解**：（1）求挠曲线方程和转角方程。梁的弯矩方程为：

$$M(x) = \frac{ql}{2}x - \frac{q}{2}x^2 \quad (0 \le x \le l)$$

建立挠曲线近似微分方程，并积分二次，得：

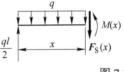

图 7-7

$$\theta(x) = \omega' = -\frac{1}{EI}\left(\frac{qlx^2}{4} - \frac{qx^3}{6} + C\right) \tag{7-21}$$

$$\omega(x) = -\frac{1}{EI}\left(\frac{qlx^3}{12} - \frac{qx^4}{24} + Cx + D\right) \tag{7-22}$$

将边界条件 $x=0$ 处，$\omega_A = 0$；$x=l$ 处，$\omega_B = 0$ 分别代入式（7-22），解得：

$$D = 0, \quad C = -\frac{ql^3}{24}$$

再将 $C$、$D$ 的值代入式（7-21）、式（7-22），得转角方程为：

$$\theta(x) = \frac{q}{24EI}(l^3 - 6lx^2 + 4x^3)$$

挠曲线方程为：

$$\omega(x) = \frac{qx}{24EI}(l^3 - 2lx^2 + x^3)$$

（2）求最大挠度和最大转角。由于梁的受力与支撑情况以跨中截面为对称，因此挠曲线也对称于跨中截面。可见，两支座截面的转角最大，绝对值相等；跨中截面的挠度最大，即

$$\omega_{\max} = \omega\left(\frac{l}{2}\right) = \frac{5ql^4}{384EI}$$

$$\theta_{\max} = \theta_A = -\theta_B = \frac{ql^3}{24EI}$$

积分法是求梁变形的基本方法。表 7-2 列出了几种常用梁在简单载荷作用下的变形，以备查用。

**表 7-2　几种常用梁在简单载荷作用下的变形**

| 序号 | 梁的计算简图 | 挠曲线方程 | 梁端转角 | 最大挠度 |
|---|---|---|---|---|
| 1 | | $\omega = \dfrac{Fx^2}{6EI}\,(3l-x)$ | $\theta_B = \dfrac{Fl^2}{2EI}$ | $\omega_B = \dfrac{Fl^3}{3EI}$ |
| 2 | | $\omega = \dfrac{M_e x^2}{2EI}$ | $\theta_B = \dfrac{M_e l}{EI}$ | $\omega_B = \dfrac{M_e l^2}{2EI}$ |
| 3 | | $\omega = \dfrac{qx^2}{24EI}$ $(x^2+6l^2-4lx)$ | $\theta_B = \dfrac{ql^3}{6EI}$ | $\omega_B = \dfrac{ql^4}{8EI}$ |
| 4 | | $\omega = \dfrac{Fbx}{6EIl}\,(l^2-x^2-b^2)$ $(0\le x\le a)$ $\omega = \dfrac{Fa(l-x)}{6EIl}\,(2lx-x^2-a^2)$ $(a\le x\le l)$ | $\theta_A = \dfrac{Fab(l+b)}{6EIl}$ $\theta_B = \dfrac{Fab(l+a)}{6EIl}$ | 当 $a>b$ 时 $\omega_C = \dfrac{Fb}{48EI}\,(3l^2-4b^2)$ $\omega_{max} = \dfrac{Fb}{9\sqrt{3}\,EIl}\,(l^2-b^2)^{3/2}$ $\left(\text{发生在 } x = \sqrt{\dfrac{l^2-b^2}{3}}\ \text{处}\right)$ |
| 5 | | $\omega = -\dfrac{M_e x}{6EIl}\,(l^2-x^2-3b^2)$ $(0\le x\le a)$ $\omega = \dfrac{M_e(l-x)}{6EIl}\,(2lx-x^2-3a^2)$ $(a\le x\le l)$ | $\theta_A = -\dfrac{M_e}{6EIl}\times\,(l^2-3b^2)$ $\theta_B = -\dfrac{M_e}{6EIl}\times\,(l^2-3a^2)$ | 在 $x = \sqrt{\dfrac{l^2-3b^2}{3}}$ 处 $\omega_{1max} = -\dfrac{M_e}{9\sqrt{3}\,EIl}$ $(l^2-3b^2)^{3/2}$ 在 $x = \sqrt{\dfrac{l^2-3a^2}{3}}$ 处 $\omega_{max} = \dfrac{M_e}{9\sqrt{3}\,EIl}$ $(l^2-3a^2)^{3/2}$ |

| 序号 | 梁的计算简图 | 挠曲线方程 | 梁端转角 | 最大挠度 |
|---|---|---|---|---|
| 6 | | $\omega = \dfrac{M_e x}{6EIl}\,(2l^2 - 3lx + x^2)$ | $\theta_A = \dfrac{M_e l}{3EI}$ $\theta_B = -\dfrac{M_e l}{6EI}$ | 在 $x=(1-1/\sqrt{3})l$ 处 $\omega_{max} = \dfrac{M_e l^2}{9\sqrt{3}EI}$ $\omega_C = \dfrac{M_e l^2}{16EI}$ |
| 7 | | $\omega = \dfrac{qx}{24EI}\,(l^3 - 2lx^2 + x^3)$ | $\theta_A = -\theta_B = \dfrac{ql^3}{24EI}$ | $\omega_C = \dfrac{5ql^4}{384EI}$ |
| 8 | | $\omega = -\dfrac{Fax}{6EIl}\,(l^2 - x^2)$ $(0 \le x \le l)$ $\omega = \dfrac{F(x-l)}{6EI}\times$ $[a(3x-l)-(x-l)^2]$ $(l \le x \le l+a)$ | $\theta_A = -\dfrac{1}{2}\theta_B = -\dfrac{Fal}{6EI}$ $\theta_D = \dfrac{Fa}{6EI}\,(2l+3a)$ | $\omega_{1max} = -\dfrac{Fal^2}{9\sqrt{3}EI}$ $\left(发生在 x=\dfrac{l}{\sqrt{3}} 处\right)$ $\omega_D = \omega_{2max} = \dfrac{Fa^2}{3EI}\,(l+a)$ |
| 9 | | $\omega = -\dfrac{M_e x}{6EIl}\,(x^2 - l^2)$ $(0 \le x \le l)$ $\omega = \dfrac{M_e}{6EI}\,(3x^2 - 4xl + l^2)$ $(l \le x \le l+a)$ | $\theta_A = -\dfrac{1}{2}\theta_B = -\dfrac{M_e l}{6EI}$ $\theta_D = \dfrac{M_e}{3EI}\,(l+3a)$ | $\omega_{1max} = \dfrac{M_e l^2}{9\sqrt{3}EI}$ $\left(发生在 x=\dfrac{l}{\sqrt{3}} 处\right)$ $\omega_D = \omega_{2max} = \dfrac{M_e a}{6EI}(2l+3a)$ |
| 10 | | $\omega = -\dfrac{qa^2 x}{12EIl}\,(x^2 - l^2)$ $(0 \le x \le l)$ $\omega = \dfrac{q(x-l)}{24EI}\,[2a^2x(x+l)$ $-2a(2l+a)(x-l)^2 + l(x-l)^3]$ $(l \le x \le l+a)$ | $\theta_A = -\dfrac{1}{2}\theta_B = -\dfrac{qa^2 l}{12EI}$ $\theta_D = \dfrac{qa^2}{6EI}\,(l+a)$ | $\omega_{1max} = -\dfrac{qa^2 l^2}{18\sqrt{3}EI}$ $\left(发生在 x=\dfrac{l}{\sqrt{3}} 处\right)$ $\omega_D = \omega_{2max} = \dfrac{qa^3}{24EI}\,(4l+3a)$ |

### 7.3.3　用叠加法求梁的变形

在积分法中，由于利用了"小变形假设"，并且梁的挠曲线微分方程是材料在弹性范围内导出的，因此梁的变形与作用于梁上的载荷呈线性关系。根据叠加原理，当梁上受到多个载荷作用时，可先分别计算出单个载荷作用时梁的挠度与转角，然后再进行叠加（求代数和），即得梁在所有载荷共同作用下的挠度与转角。这种求挠度和转角的方法称为叠加法。

【例 7-7】　试用叠加法求简支梁 [见图 7-8（a）] 跨中 $C$ 截面的挠度和支座 $B$ 截面的转角。设 $EI$ 为常数。

**解**:先将梁上的载荷分为均布载荷 $q$ 和集中力偶 $M_e$ 单独作用的情况 〔见图 7-8（b）、（c）〕。由表 7-2 查得简支梁在均布载荷和集中力偶单独作用下，$C$ 截面的挠度和 $B$ 截面的转角分别为：

$$\omega_{Cq} = \frac{5ql^4}{384EI}, \ \theta_{Bq} = -\frac{ql^3}{24EI}$$

$$\omega_{CM_e} = \frac{M_e l^2}{16EI}, \ \theta_{BM_e} = -\frac{M_e l}{6EI}$$

将上述结果代数相加，即得在两种载荷共同作用下的挠度和转角：

$$\theta_B = \theta_{Bq} + \theta_{BM_e} = -\frac{ql^3}{24EI} - \frac{M_e l}{6EI}$$

$$\omega_C = \omega_{Cq} + \omega_{CM_e} = \frac{5ql^4}{384EI} + \frac{M_e l^2}{16EI}$$

**【例 7-8】**　图 7-9（a）所示简支梁，在右段上受集度为 $q$ 的均布载荷作用。试用叠加法求跨中 $C$ 截面的挠度 $\omega_C$。设 $EI$ 为常数。

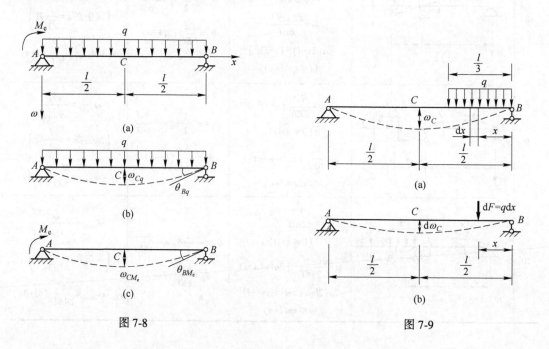

图 7-8　　　　　　　　　　　　　　　　　　图 7-9

**解**:在距 $B$ 端 $x$ 处取微载荷 $dF = qdx$，这相当于在简支梁上作用一集中力 $dF$ 〔见图 7-9（b）〕。由表 7-2 查得在 $dF$ 作用下，$C$ 截面的挠度为：

$$d\omega_C = \frac{dFx}{48EI}(3l^2 - 4x^2) = \frac{qx}{48EI}(3l^2 - 4x^2)dx$$

对上式积分，即得在图 7-9（a）所示均布载荷作用下，$C$ 截面的挠度：

$$\omega_C = \frac{q}{48EI}\int_0^{l/3} x(3l^2 - 4x^2)dx = \frac{25ql^4}{7776EI}$$

### 7.3.4　梁的刚度计算

如果梁的弯曲变形过大，即使强度满足要求，它也不能正常工作。例如房屋中的楼面板或梁变形过大，会使抹灰出现裂缝；厂房中的吊车梁变形过大，会影响吊车的运行；机床的主轴挠度过大，会影响工件的加工精度；等等。因此，在按强度条件设计了梁的截面后，还应进行刚度校核，即检查梁在载荷作用下的变形是否在许用范围之内。

梁的刚度条件为：

$$\omega_{max} \leqslant [\omega]\,,\quad \theta_{max} \leqslant [\theta] \tag{7-23}$$

式中，$\omega_{max}$、$\theta_{max}$为梁的最大挠度和最大转角；$[\omega]$、$[\theta]$ 为许用挠度和许用转角。

在土建工程中，梁的许用挠度 $[\omega]$ 通常限制在 $\left(\frac{1}{1000} \sim \frac{1}{200}\right) l$ 范围内，$l$ 为梁的跨长。并且，如果梁满足强度条件，一般也能满足刚度条件。但对于刚度要求很高的梁，则必须进行刚度校核，此时刚度条件可能起到控制作用。

在机械工程中，对主要的轴，$[\omega]$ 值通常限制在（0.0001～0.0005）$l$ 范围内，$l$ 为梁的跨长；$[\theta]$ 值通常限制在 0.001～0.005 rad 范围内。

$[\omega]$、$[\theta]$ 值可在有关设计规范中查得。

**【例 7-9】** 悬臂工字钢梁（见图 7-10），长度 $l$=4 m，载荷 $q$=10 kN/m，已知材料的许用应力 $[\sigma]$=170 MPa，弹性模量 $E$=210 GPa，梁的许用挠度 $[\omega]=l/400$，试按强度条件和刚度条件选择工字钢型号。

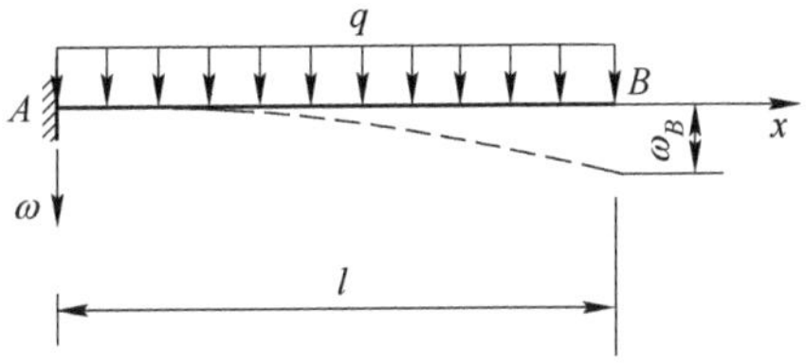

图 7-10

**解**：（1）按强度条件选择截面。支座 $A$ 截面上的弯矩最大，为：

$$M_A = M_{max} = ql^2/2 = 80\ \text{kN}\cdot\text{m}$$

按强度条件，该梁所需的弯曲截面系数为：

$$W \geqslant \frac{M_{max}}{[\sigma]} = \frac{80 \times 10^3\ \text{N}\cdot\text{m}}{170 \times 10^6\ \text{Pa}} = 4.7\times10^{-4}\ \text{m}^3 = 470\ \text{cm}^3$$

查型钢表，选用 28a 号工字钢，有关数据为：

$$W = 508.15\ \text{cm}^3\,,\ I = 7114.14\ \text{cm}^4$$

（2）校核梁的刚度。梁的最大挠度发生在 $B$ 截面处，查表 7-2，$\omega_{max} = \omega_B = \dfrac{ql^4}{8EI}$，因此有：

$$\omega_{max} = \frac{ql^4}{8EI} = \frac{10 \times 10^3\ \text{N/m} \times 4^4\ \text{m}^4}{8 \times 210 \times 10^9\ \text{Pa} \times 7114.14 \times 10^{-8}\ \text{m}^4} = 2.14 \times 10^{-2}\ \text{m} > \frac{l}{400} = 1 \times 10^{-2}\ \text{m}$$

可见，不满足刚度要求。

（3）按刚度条件重新选择截面。由刚度条件可得：

$$I \geqslant \frac{ql^4}{8E[\omega]} = \frac{10 \times 10^3\ \text{N/m} \times 4^3\ \text{m}^3}{8 \times 210 \times 10^9\ \text{Pa}} \times 400 = 1.5 \times 10^{-4}\ \text{m}^4 = 15000\ \text{cm}^4$$

查型钢表，选用 36a 号工字钢，有关数据为：

$$I = 15760 \text{ cm}^4, \quad W = 875 \text{ cm}^3$$

通过上述计算可知，选用 36a 号工字钢既能满足强度要求又能满足刚度要求。

## 思 考 题

7-1　某轴向拉杆总伸长若等于零，那么杆内的应变和各点的位移是否等于零，为什么？

7-2　两根尺寸相同而材料不同的圆轴，在相同扭矩的作用下，它们的最大切应力是否相同？扭转角是否相同，为什么？

7-3　若圆轴的长度增大一倍，则扭转角将增大多少倍？若只将其直径增大一倍，则扭转角将减少到原来的几分之一？

7-4　怎样求梁的最大挠度？梁上最大挠度处的截面转角是否一定等于零，为什么？

7-5　矩形截面梁的高宽之比为 2，在相同的受力情况下，截面竖放和卧放，其最大挠度的比值是多少？

7-6　为什么可以用叠加法计算梁的变形？

## 选 择 题

7-1　受拉杆如图 7-11 所示，其中在 $BC$ 段内_____。

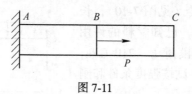

图 7-11

A. 既无位移，也无变形　　　　　　B. 有变形，无位移

C. 既有位移，又有变形　　　　　　D. 有位移，无变形

7-2　两根受拉杆件，若材料相同，受力相同，$L_1 = 2L_2$，$A_1 = 2A_2$，则两杆的伸长 $\Delta L$ 和轴向线应变 $\varepsilon$ 的关系为_____。

A. $\Delta L_1 = 2\Delta L_2$，$\varepsilon_1 = 2\varepsilon_2$　　　　B. $\Delta L_1 = 2\Delta L_2$，$\varepsilon_1 = \varepsilon_2$

C. $\Delta L_1 = \Delta L_2$，$\varepsilon_1 = 2\varepsilon_2$　　　　D. $\Delta L_1 = \Delta L_2$，$\varepsilon_1 = \varepsilon_2$

7-3　叠加原理的适用条件构件必须是_____。

A. 线弹性杆件　　　　　　　　　　B. 小变形杆

C. 线弹性、小变形杆件　　　　　　D. 线弹性、小变形直杆

7-4　同时发生两种或两种以上的基本变形称为_____，其强度计算方法的依据是_____。

A. 复杂变形，截面法　　　　　　　B. 组合变形，叠加原理

C. 组合变形，平衡条件　　　　　　D. 都不对

7-5　截面核心的形状与_____有关。

A. 外力的大小　　　　　　　　　　B. 构件的受力情况

C. 构件的截面形状　　　　　　　　D. 截面的形心

## 习 题

7-1　已知图 7-12 所示杆各段横截面面积 $A_1 = A_3 = 300 \text{ mm}^2$，$A_2 = 200 \text{ mm}^2$，材料的弹性模量 $E = 200 \text{ GPa}$，

求杆的总变形 $\Delta l$。

7-2　一板状拉伸试样如图 7-13 所示。为了测得试样的应变，在试样表面的纵向和横向贴上电阻片。在测定过程中，每增加 3 kN 的拉力时，测得试样的纵向线应变 $\varepsilon = 120 \times 10^{-6}$，横向线应变 $\varepsilon' = -38 \times 10^{-6}$。求试样材料的弹性模量 $E$ 和泊松比 $\nu$。

7-3　一矩形截面受拉杆，长 $l = 3.5$ m，横截面尺寸 $b = 25$ mm、$h = 50$ mm，受到拉力 $F$ 作用后，实测伸长量为 1.5 mm。已知材料的弹性模量 $E = 200$ GPa，试计算该杆所受的拉力。

7-4　圆钢管外径 $D = 120$ mm，内径 $d = 60$ mm。当圆管受到轴向拉伸时，测得纵向线应变 $\varepsilon = 0.001$。若已知材料的泊松比 $\nu = 0.3$，求此圆管受力后的壁厚。

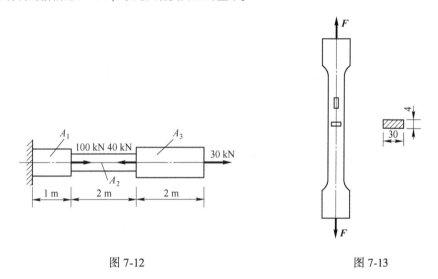

图 7-12　　　　　　　　　　　　　　　图 7-13

7-5　在图 7-14 所示 $AB$ 两点间拉有一根直径 $d = 1.5$ mm 的水平钢丝，中点 $C$ 作用有竖向载荷 $F$，此时钢丝的纵向线应变 $\varepsilon = 0.0005$，若材料的弹性模量 $E = 200$ GPa，不计钢丝自重，求 $C$ 点下降的距离 $\Delta$ 以及 $F$ 的值。

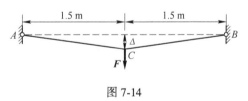

图 7-14

7-6　一传动轴长 $l = 2$ m，直径 $d = 80$ mm，已知轴传递的功率 $P = 360$ kW，转速 $n = 500$ r/min，材料的切变模量 $G = 80$ GPa，求该轴两端面间的相对扭转角。

7-7　一传动轴传递的功率 $P = 60$ kW，转速 $n = 200$ r/min，材料的切变模量 $G = 80$ GPa，轴的单位长度许用扭转角 $[\theta] = 0.2°/\text{m}$，试按刚度条件选择该实心圆轴的直径。

7-8　钢制传动轴直径 $d = 40$ mm，轴传递的功率 $P = 30$ kW，转速 $n = 1400$ r/min，材料的切变模量 $G = 80$ GPa，许用切应力 $[\tau] = 40$ MPa，轴的单位长度许用扭转角 $[\theta] = 2°/\text{m}$。试校核此轴的强度和刚度。

7-9　实心圆轴的直径 $d = 50$ mm，转速 $n = 250$ r/min，材料的切变模量 $G = 80$ GPa，许用切应力 $[\tau] = 60$ MPa，轴的单位长度许用扭转角 $[\theta] = 0.5°/\text{m}$。求此轴所能传递的最大功率。

7-10　一直径 $d = 50$ mm 的实心圆轴，当两端面间的相对扭转角为 5° 时，横截面上的最大切应力为

80 MPa，材料的切变模量 $G=80$ GPa，试确定该轴的长度。

7-11　试用积分法求图 7-15 所示悬臂梁的挠曲线方程，自由端 $B$ 截面的挠度和转角。设 $EI$ 为常数。

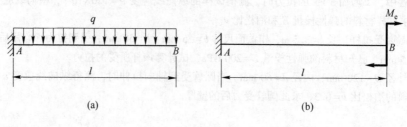

图 7-15

7-12　试用积分法求图 7-16 所示简支梁的挠曲线方程，跨中截面 $C$ 的挠度和支座 $A$、$B$ 截面的转角。设 $EI$ 为常数。

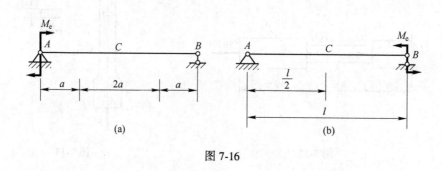

图 7-16

7-13　试用叠加法求图 7-17 所示各梁 $C$ 截面的挠度和 $B$ 截面的转角。设 $EI$ 为常数。

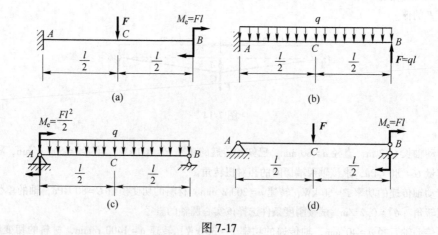

图 7-17

7-14　试用叠加法求图 7-18 所示梁 $B$ 截面的挠度。设 $EI$ 为常数。

7-15　图 7-19 所示结构中梁 $AB$ 由 20a 号工字钢制成，$q=50$ kN/m，$I=2370$ cm$^4$，$E_1=200$ GPa，$BD$ 为横截面边为 0.3 m 的正方形木柱，$E_2=10$ GPa。求柱 $BD$ 的缩短和梁 $AB$ 中点 $C$ 的竖向位移。

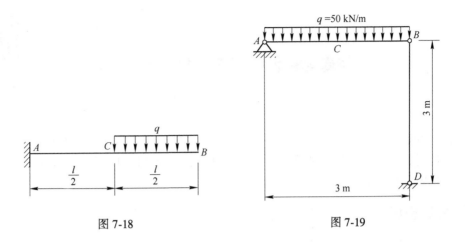

图 7-18                 图 7-19

7-16　用45a号工字钢制成的简支梁，全梁受均布载荷 $q$ 作用。已知跨长 $l = 10$ m，钢的弹性模量 $E = 200$ GPa，规定梁的最大挠度不超过 $\dfrac{l}{500}$，求梁的许用均布载荷 $[q]$ 的值。

# 模块 8  压 杆 稳 定

杆件的破坏既可能由于强度不够而引起，也可能由于稳定性的丧失而发生。因此，在设计杆件时，除了进行强度计算外，还必须进行稳定计算以满足其稳定条件。本模块仅对压杆的稳定问题做简要介绍。

## 知识目标

（1）了解压杆稳定的概念。
（2）理解压杆的临界力与临界应力。
（3）掌握压杆的稳定计算。

## 技能目标

（1）能够确定压杆的临界力与临界应力的大小。
（2）会计算压杆的稳定性。

## 思政课堂

汉京中心大厦位于我国广东省深圳市南山区，作为深圳南山高新区的新标志，其建筑设计也体现了前沿理念。建筑以外置式核心筒为特色，是世界上外置核心筒最高的建筑。建筑形态首先是由其突破性的全钢结构系统决定的，这在高层建筑的设计中并不多见，这座 350 m 高的摩天楼是亚洲第一、世界第三全钢结构超高层建筑。

没有了核心筒作为建筑的中心支持，其办公空间部分失去了最重要的结构支撑，再加上其高度和深圳沿海地区风量的影响，因此必须采用特殊的结构设计和建造方式来实现，否则在风力与自重联合作用下，细长杆件会在应力还远低于材料的极限应力时，就突然产生显著的弯曲变形而失去承载能力，导致整个建筑不再具备需要的稳定性。汉京中心大厦主塔楼采用了巨型框架支撑结构，由 30 根方管混凝土柱竖向主体支撑，框架柱之间采用斜向撑杆作为塔楼结构抗侧力体系。为增强结构稳定性，提高节点之间的侧向强度和刚度，钢结构支撑体系主要由箱型钢柱、箱型斜撑、工字钢梁组成。当然钢材用量也是惊人的，总用钢量接近 5 万吨，是全球高建钢用量最多的纯钢结构超高层建筑单体，高建钢用量达到了 2.8 万吨。

## 相关知识

## 学习情境 8.1  压杆稳定的概念

前面在介绍轴向拉压杆的强度计算时，认为当压杆横截面上的应力超过材料的极限应力时，压杆就会因强度不够而引起破坏。这种观点对于始终保持其原有直线形状的粗短杆（杆的横向尺寸较大，纵向尺寸较小）来说是正确的。但是，对于细长杆（杆的横向尺寸较小，纵向尺寸较大）则不然，它在应力远低于材料的极限应力时，就会突然产生显著的弯曲变形而失去承载能力。

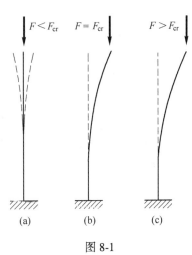

为了研究方便，我们将实际的压杆抽象为如下的力学模型：即将压杆看作轴线为直线，且压力作用线与轴线重合的均质等截面直杆，称为中心受压直杆或理想柱。采用上述中心受压直杆的力学模型后，在压杆所受的压力 $F$ 不大时，若给杆一微小的横向干扰，使杆发生微小的弯曲变形，在干扰撤去后，杆经若干次振动后仍会回到原来的直线平衡状态 [见图 8-1 (a)]，称压杆此时处于稳定的平衡状态。增大压力 $F$ 至某一极限值 $F_{cr}$ 时，若再给杆一微小的横向干扰，使杆发生微小的弯曲变形，则在干扰撤去后，杆不再恢复到原来直线平衡状态，而是仍处于微弯的平衡状态 [见图 8-1 (b)]，把受干扰前杆的直线平衡状态称为临界平衡状态，此时的压力 $F_{cr}$ 称为压杆的临界力。临

图 8-1

界平衡状态实质上是一种不稳定的平衡状态，因为此时杆一经干扰后就不能维持原有直线平衡状态了。由此可见，当压力 $F$ 达到临界力 $F_{cr}$ 时，压杆就从稳定的平衡状态转变为不稳定的平衡状态，这种现象称为丧失稳定性，简称失稳。当压力 $F$ 超过 $F_{cr}$，杆的弯曲变形将急剧增大，甚至最后造成弯曲破坏 [见图 8-1 (c)]。

因为杆件失稳是在远低于强度许用承载能力的情况下骤然发生的，所以往往造成严重的事故。模块 6 列举的加拿大长达 548.6 m 的魁北克大桥在施工中突然倒塌，就是由于两根受压杆件的失稳引起的。因此，在设计杆件（特别是受压杆件）时，除了进行强度计算外，还必须进行稳定计算，以满足其稳定性方面的要求。本模块仅讨论压杆的稳定计算问题。

# 学习情境8.2 压杆的临界力与临界应力

## 8.2.1 细长压杆的临界力

临界力 $F_{cr}$ 是压杆处于微弯平衡状态所需的最小压力，由此可以得到确定压杆临界力的一个方法：假定压杆处于微弯平衡状态，求出此时所需的最小压力即为压杆的临界力。

下面以两端铰支并受轴向压力 $F$ 作用的等截面直杆 [见图 8-2 (a)] 为例，说明确定压杆临界力的方法。当压杆处于临界状态时，压杆在临界力的作用下保持微弯状态的平衡，此时压杆的轴线就变成了弯曲问题中的挠曲线。如果杆内的压应力不超过比例极限，则压杆的挠曲线近似微分方程为 [见图 8-2 (b)]：

$$EI \frac{d^2 y}{dx^2} = -M(x) = F_{cr} y \qquad (8-1)$$

将式（8-1）两边同除以 $EI$，并令

$$\sqrt{\frac{F_{cr}}{EI}} = k \qquad (8-2)$$

移项后得到：

$$\frac{d^2 y}{dx^2} + k^2 y = 0 \qquad (8-3)$$

解此微分方程，可以得到两端铰支
细长压杆的临界力为：

$$F_{cr} = \frac{\pi^2 EI}{l^2} \qquad (8-4)$$

式（8-4）即为计算两端铰支细长压
杆临界力的欧拉公式。

对于其他杆端约束情况下的细长压
杆，可用同样的方法求得临界力。各种
细长压杆的临界力可用下面的欧拉公式的一般形式统一表示为：

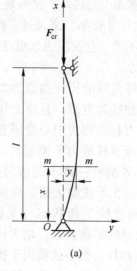
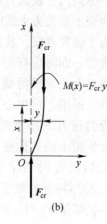

图 8-2

$$F_{cr} = \frac{\pi^2 EI}{(\mu l)^2} \qquad (8-5)$$

式中，$\mu$ 为压杆的长度因数，反映不同的支撑情况对临界力的影响；$\mu l$ 为压杆的相当
长度。

四种典型的杆端约束下细长压杆的长度因数列于表 8-1 中，以备查用。

表 8-1　细长压杆的长度因数

| 支撑情况 | 一端固定另一端自由 | 两端铰支 | 一端固定另一端铰支 | 两端固定 |
|---|---|---|---|---|
| 简　图 | $F_{cr}$ | $F_{cr}$ | $F_{cr}$ | $F_{cr}$ |
| $\mu$ | 2 | 1 | 0.7 | 0.5 |

应当指出：工程实际中压杆的杆端约束情况往往比较复杂，应对杆端支撑情况做具体
分析或查阅有关的设计规范，定出合适的长度因数。

**【例 8-1】**　一长 $l=4$ m、直径 $d=100$ mm 的细长钢压杆，支撑情况如图 8-3 所示，在
$xy$ 平面内为两端铰支，在 $xz$ 平面内为一端铰支、一端固定。已知钢的弹性模量 $E =
200$ GPa，求此压杆的临界力。

**解：**钢压杆的横截面是圆形，圆形截面对其任一形心轴的惯性矩都相同，均为：

$$I = \frac{\pi d^4}{64} = \frac{\pi \times 100 \times 10^{-12} \text{ m}^4}{64} = 0.049 \times 10^{-4} \text{ m}^4$$

因为临界力是使压杆产生失稳的最小压力，而钢压杆在各纵向平面内的弯曲刚度 $EI$ 相同，所以式（8-5）中的 $\mu$ 应取较大的值，即失稳将发生在杆端约束最弱的纵向平面内。由已知条件，钢压杆在 $xy$ 平面内的杆端约束为两端铰支［见图 8-3（a）］，$\mu=1$；在 $xz$ 平面内杆端约束为一端铰支、一端固定［见图 8-3（b）］，$\mu=0.7$。故失稳将发生在 $xy$ 平面内，应取 $\mu=1$ 进行计算。临界力为：

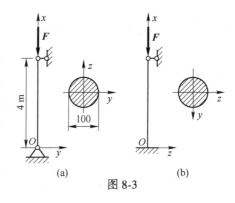

图 8-3

$$F_{cr} = \frac{\pi^2 EI}{(\mu l)^2} = \frac{\pi^2 \times 200 \times 10^9 \, \text{Pa} \times 0.049 \times 10^{-4} \, \text{m}^4}{(1 \times 4 \, \text{m})^2} = 0.6 \times 10^6 \, \text{N} = 600 \, \text{kN}$$

**【例 8-2】**　有一两端铰支的细长木柱。已知柱长 $l=3$ m，横截面为 80 mm×140 mm 的矩形，木材的弹性模量 $E=10$ GPa。求此木柱的临界力。

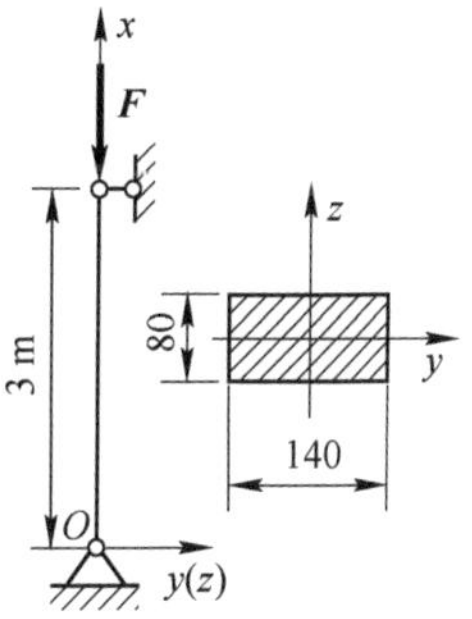

**解：** 由于木柱两端约束为球形铰支，因此木柱两端在各个方向的约束都相同（都是铰支）。因为临界力是使压杆产生失稳所需要的最小压力，所以式（8-5）中的 $I$ 应取 $I_{min}$。由图 8-4 知，$I_{min}=I_y$，其值为：

$$I_y = \frac{140 \times 80^3 \, \text{mm}^4}{12} = 597.3 \times 10^4 \, \text{mm}^4 = 597.3 \times 10^{-8} \, \text{m}^4$$

图 8-4

故临界力为：

$$F_{cr} = \frac{\pi^2 EI}{(\mu l)^2} = \frac{\pi^2 \times 10 \times 10^9 \, \text{Pa} \times 597.3 \times 10^{-8} \, \text{m}^4}{(1 \times 3)^2 \text{m}^2} = 655 \times 10^2 \, \text{N} = 65.5 \, \text{kN}$$

在临界力 $F_{cr}$ 作用下，木柱将在弯曲刚度最小的 $xz$ 平面内发生失稳。

### 8.2.2　压杆的临界应力

临界力 $F_{cr}$ 是压杆保持直线平衡状态所能承受的最大压力，因此压杆在开始失稳时横截面上的应力，仍可按轴向拉压杆的应力公式计算，即

$$\sigma_{cr} = \frac{F_{cr}}{A} \tag{8-6}$$

式中，$A$ 为压杆的横截面面积；$\sigma_{cr}$ 为压杆的临界应力。

#### 8.2.2.1　欧拉公式的适用范围

欧拉公式在推导中使用了压杆失稳时挠曲线的近似微分方程，该方程只有当材料处于线弹性范围内时才成立，这就要求压杆在临界应力 $\sigma_{cr}$ 不大于材料的比例极限的情况下，方能应用欧拉公式。下面具体表达欧拉公式的适用范围。

将式（8-6）改写为：

$$\sigma_{cr} = \frac{F_{cr}}{A} = \frac{\pi^2 EI}{A(\mu l)^2} = \frac{\pi^2 E}{(\mu l/i)^2}$$

式中，$i = \sqrt{\dfrac{I}{A}}$ 为压杆横截面的惯性半径。

故：

$$\sigma_{\text{cr}} = \frac{\pi^2 E}{\lambda^2} \tag{8-7}$$

$$\lambda = \frac{\mu l}{i} \tag{8-8}$$

$\lambda$ 称为压杆的柔度或长细比。柔度 $\lambda$ 综合地反映了压杆的杆端约束、杆长、杆横截面的形状和尺寸等因素对临界应力的影响。柔度 $\lambda$ 越大，临界应力 $\sigma_{\text{cr}}$ 越小，压杆越容易失稳。反之，柔度 $\lambda$ 越小，临界应力就越大，压杆能承受较大的压力。根据式（8-7），欧拉公式的适用范围为

$$\frac{\pi^2 E}{\lambda^2} \leqslant \sigma_{\text{P}}$$

或

$$\sqrt{\frac{\pi^2 E}{\sigma_{\text{P}}}} \leqslant \lambda \tag{8-9}$$

令

$$\lambda_{\text{P}} = \sqrt{\frac{\pi^2 E}{\sigma_{\text{P}}}} \tag{8-10}$$

$\lambda_{\text{P}}$ 是对应于比例极限的柔度值。由上可知，只有对柔度 $\lambda \geqslant \lambda_{\text{P}}$ 的压杆，才能用欧拉公式计算其临界力。柔度 $\lambda \geqslant \lambda_{\text{P}}$ 的压杆称为大柔度压杆或细长压杆。

由式（8-10）可知，$\lambda_{\text{P}}$ 的值仅与压杆的材料有关。例如，由 Q235 钢制成的压杆，$E$、$\sigma_{\text{P}}$ 的平均值分别为 206 GPa 与 200 MPa，代入式（8-10）后算得 $\lambda_{\text{P}} \approx 100$。对于木压杆，$\lambda_{\text{P}} \approx 110$。

#### 8.2.2.2　经验公式

$\lambda < \lambda_{\text{P}}$ 的压杆称为中小柔度压杆。这类压杆的临界应力通常采用经验公式进行计算。经验公式是根据大量试验结果建立起来的，目前常用的有直线公式和抛物线公式两种。这里仅介绍直线公式，其表达式为：

$$\sigma_{\text{cr}} = a - b\lambda \tag{8-11}$$

式中，$a$、$b$ 均为与材料有关的常数，单位均为 MPa。例如，对于 Q235 钢，$a = 304$ MPa、$b = 1.12$ MPa。其他材料 $a$ 和 $b$ 的数值可以查阅有关手册。

柔度很小的粗短杆，其破坏主要是应力达到屈服极限 $\sigma_{\text{s}}$ 或强度极限 $\sigma_{\text{b}}$ 所致，其本质是强度问题。因此，对于用塑性材料制成的压杆，按经验公式求出的临界应力最高值只能等于 $\sigma_{\text{s}}$，设相应的柔度为 $\lambda_{\text{s}}$，则：

$$\lambda_{\text{s}} = \frac{a - \sigma_{\text{s}}}{b} \tag{8-12}$$

$\lambda_{\text{s}}$ 是应用直线公式的最小柔度值。对于屈服极限为 $\sigma_{\text{s}} = 235$ MPa 的 Q235 钢，$\lambda_{\text{s}} \approx 62$。

柔度介于 $\lambda_P$ 与 $\lambda_s$ 之间的压杆称为中柔度杆或中长杆。$\lambda < \lambda_s$ 的压杆称为小柔度杆或粗短杆。

由以上讨论可知，压杆按其柔度值可分为三类，分别应用不同的公式计算临界应力。对于柔度不小于 $\lambda_P$ 的细长杆，应用欧拉公式；柔度介于 $\lambda_P$ 与 $\lambda_s$ 之间的中长杆，应用经验公式；柔度不大于 $\lambda_s$ 的粗短杆，应用强度条件计算。图8-5表示临界应力 $\sigma_{cr}$ 随压杆柔度 $\lambda$ 变化的曲线，称为临界应力总图。

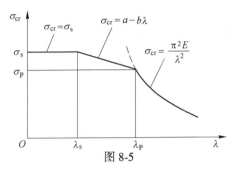

图 8-5

# 学习情境8.3　压杆稳定的计算与提高稳定性的措施

### 8.3.1　压杆稳定的计算

为了保证压杆能够安全地工作，要求压杆承受的压力 $F$ 应满足下面的条件：

$$F \leqslant \frac{F_{cr}}{n_{st}} = [F]_{st} \tag{8-13}$$

式中，$n_{st}$ 为稳定安全因数；$[F]_{st}$ 为稳定许用压力。

或者将式（8-13）两边同时除以横截面面积 $A$，得到压杆横截面上的应力 $\sigma$ 应满足的条件：

$$\sigma = \frac{F}{A} \leqslant \frac{\sigma_{cr}}{n_{st}} = [\sigma]_{st} \tag{8-14}$$

式中，$[\sigma]_{st}$ 为稳定许用应力。

式（8-13）和式（8-14）称为压杆的稳定条件。稳定安全因数 $n_{st}$ 的取值除考虑在确定强度安全因数时的因素外，还应考虑实际压杆不可避免地存在杆轴线的初曲率、压力的偏心和材料的不均匀等因素。这些因素将使压杆的临界力显著降低，对压杆稳定的影响较大，并且压杆的柔度越大，影响就越大。但是，这些因素对压杆强度的影响不那么显著。因此，稳定安全因数 $n_{st}$ 的取值一般大于强度安全因数 $n$，并且随柔度 $\lambda$ 而变化。例如，钢压杆的强度安全因数 $n = 1.4 \sim 1.7$，而稳定安全因数 $n_{st} = 1.8 \sim 3.0$，甚至更大。常用材料制成的压杆，在不同工作条件下的稳定安全因数 $n_{st}$ 的值，可在有关的设计手册中查到。

利用稳定条件式（8-13）或式（8-14），可以解决压杆的稳定校核、设计截面和确定许用载荷等三类稳定计算问题。上述进行压杆稳定计算的方法称为安全因数法。

**【例8-3】**　长度为 1.8 m 两端铰支的实心圆截面钢压杆，承受 $F = 60$ kN 的压力，已知 $\lambda_P = 123$，$E = 210$ GPa，$d = 45$ mm，$n_{st} = 2$。试校核其稳定性。

**解：**压杆两端铰支，$\mu = 1$；截面为圆形，$i = \sqrt{\dfrac{I}{A}} = \dfrac{d}{4}$。因此柔度为：

$$\lambda = \frac{\mu l}{i} = \frac{\mu l}{\dfrac{d}{4}} = \frac{1 \times 1800 \text{ mm}}{\dfrac{45}{4} \text{ mm}} = 160 > \lambda_P = 123$$

所以用欧拉公式计算其临界力为：

$$F_{ct} = A\sigma_{cr} = \frac{\pi d^2}{4} \frac{\pi^2 E}{\lambda^2} = 128.8 \times 10^3 \text{ N} = 128.8 \text{ kN}$$

压杆的许用压力为：

$$[F]_{st} = \frac{F_{cr}}{n_{st}} = 64.4 \text{ kN} > F = 60 \text{ kN}$$

所以该压杆满足稳定要求。

### 8.3.2　提高压杆稳定性的措施

提高压杆的稳定性就是增大压杆的临界力或临界应力，可以从影响临界力或临界应力的诸种因素出发，采取下列一些措施。

（1）合理地选择材料。对于大柔度压杆，临界应力 $\sigma_{cr} = \dfrac{\pi^2 E}{\lambda^2}$，故采用 $E$ 值较大的材料能够增大其临界应力，从而提高其稳定性。由于各种钢材的 $E$ 值大致相同，因此大柔度钢压杆不宜选用优质钢材，以避免造成浪费。

对于中小柔度压杆，根据经验公式，采用强度较高的材料能够提高其临界应力，即能提高其稳定性。

（2）选择合理的截面。在截面面积一定的情况下，应尽可能将材料放在离形心较远处，以提高惯性半径 $i$ 的数值，从而减小压杆的柔度和提高临界应力。例如，采用空心圆截面比实心圆截面更为合理（见图 8-6），但应注意空心圆筒的壁厚不能过薄，否则有引起局部失稳从而发生折皱的危险。另外，压杆总是在柔度较大的纵向平面内失稳，所以应尽量使各纵向平面内的柔度相同或相近，例如采用图 8-7（a）、（b）所示截面。

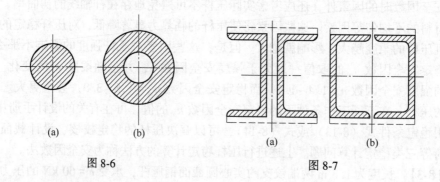

图 8-6　　　　　　　　　　　图 8-7

（3）减小杆的长度。杆长 $l$ 越小，则柔度 $\lambda$ 越小。在工程中，通常用增设中间支撑的方法来达到减小杆长的目的。例如两端铰支的细长压杆，在杆中点处增设一个铰支座（见图 8-8），则其相当长度 $\mu l$ 为原来的 1/2，而由欧拉公式算得的临界应力或临界力却是原来的 4 倍。当然增设支座也相应地增加了工程造价，故设计时应综合加以考虑。

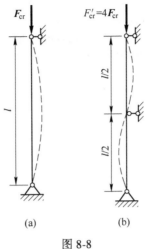

图 8-8

（4）加强杆端约束。压杆的杆端约束越强，$\mu$ 值就越小，$\lambda$ 也就越小。例如将两端铰支的细长压杆的杆端约束增强为两端固定，那么由欧拉公式可知其临界力将变为原来的 4 倍。

## 思 考 题

8-1 以压杆为例，说明什么是稳定平衡和不稳定平衡，什么是失稳。

8-2 有人说临界力是使压杆丧失稳定所需的最小载荷，又有人说临界力是使压杆维持原有直线平衡状态所能承受的最大载荷。这两种说法对吗？两种说法一致吗？

8-3 对于两端铰支、由 Q235 钢制成的圆截面压杆，杆长 $l$ 应比直径 $d$ 大多少倍时，才能用欧拉公式计算临界力？

8-4 图 8-9 所示各细长压杆均为圆杆，它们的直径、材料都相同，试判断哪根压杆的临界力最大，哪根压杆的临界力最小。其中图 8-9（f）所示压杆在中间支撑处不能转动。

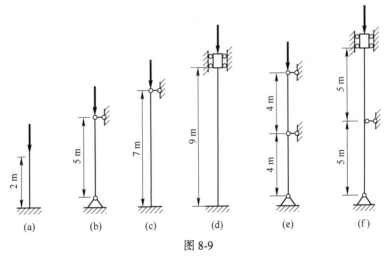

图 8-9

8-5　若在计算中小柔度压杆的临界力时，使用了欧拉公式，或在计算大柔度压杆的临界力时，使用了经验公式，后果将会怎样？试用临界应力总图加以说明。

8-6　如何判断压杆的失稳平面？有根一端固定、一端自由的压杆，如有图 8-10 所示形式的横截面，试指出失稳平面。失稳时横截面绕哪根轴转动？

图 8-10

## 习　题

8-1　图 8-11 所示两端铰支的细长压杆，材料的弹性模量 $E = 200$ GPa，试用欧拉公式计算其临界力 $F_{cr}$。

（1）圆形截面 $d = 25$ mm，$l = 1.0$ m。

（2）矩形截面 $λ = 2b = 40$ mm，$l = 1.0$ m。

（3）22a 号工字钢，$l = 5.0$ m。

（4）200×125×18 不等边角钢，$l = 5.0$ m。

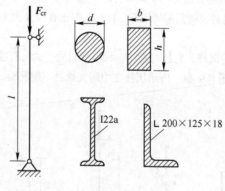

图 8-11

8-2　直径 $d = 25$ mm、长为 $l$ 的细长钢压杆，材料的弹性模量 $E = 200$ GPa，试用欧拉公式计算其临界力 $F_{cr}$。

（1）两端铰支，$l = 600$ mm。

（2）两端固定，$l = 1500$ mm。

（3）一端固定、一端铰支，$l = 1000$ mm。

8-3　三根两端铰支的圆截面压杆，直径均为 $d = 160$ mm，长度分别为 $l_1$、$l_2$ 和 $l_3$，且 $l_1 = 2l_2 = 4l_3 = 5$ m，材料为 Q235 钢，弹性模量 $E = 200$ GPa，$λ_P = 100$，求三杆的临界力 $F_{cr}$。

8-4　图 8-12 所示为一闸门的螺杆式启闭机。已知螺杆的长度为 3 m，外径为 60 mm，内径为 51 mm，材料为 Q235 钢，弹性模量 $E = 206$ GPa，$\lambda_P = 100$，设计压力 $F = 50$ kN，$n_{st} = 3$，杆端支撑情况可认为一端固定、另一端铰支。试对此杆进行稳定校核。

8-5　试对图 8-13 所示木杆进行稳定校核。已知材料的弹性模量 $E = 10$ GPa，$\lambda_P = 110$，$n_{st} = 2$。

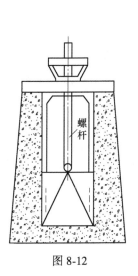

图 8-12

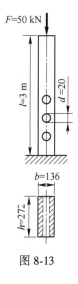

图 8-13

8-6　一两端铰支的钢管柱，长 $l = 3.5$ m，截面外径 $D = 100$ mm，内径 $d = 70$ mm。材料为 Q235 钢，$n_{st} = 2.5$，求此柱的许用载荷。

# 模块 9  动载荷与交变应力

本模块主要介绍动载荷的概念、构件做匀加速直线运动和匀速转动时的应力与强度计算；简要介绍交变应力和疲劳破坏的概念、材料的疲劳极限以及影响构件疲劳极限的主要因素等。

## 知识目标

（1）理解构件做匀加速直线运动和匀速转动时的应力与强度计算。
（2）了解构件的疲劳极限与疲劳强度。

## 技能目标

（1）能够计算构件做匀加速直线运动和匀速转动时的应力与强度。
（2）掌握影响构件疲劳极限的主要因素。

## 思政课堂

通过前面的学习，大家一定对工程力学有了一个整体的了解，在以后工程应用中还需要进一步学习和实践才能成为一名不负使命的专业人。大家还记得工程悲剧——"工程师之戒"的故事吧。当时的资料显示，美国桥梁设计师特奥多罗·库珀在大桥修建的 7 年时间里只去过现场 3 次。这是一则警示后人的故事，不但说明了敬业、精益、专注、创新的工匠精神的重要性，而且更说明了作为一名专业技术人员，特别是一名起关键作用的专业技术人员，恪守专业伦理有多么重要。下面是中国矿业大学罗肖泉教授发表于《学海》杂志的文章《专业的伦理属性与专业伦理》中的部分内容，请同学们学习。

从本质特征看，专业伦理是"责任伦理"。它以界定专业人员的伦理责任并监督其执行为己任。这种责任和义务的界定有几个方面的前提和依据。第一，行为者的相对位置：处于有利地位的人要对处于不利地位的人承担责任。这种有利地位主要来自对相关知识和情况的掌握。第二，行为者的相对脆弱程度：在关系双方中处于强势的一方应当对处于弱势的一方承担责任。第三，对行为者的相对危险性：风险的制造者应当对风险的承受者承担责任。第四，对行为者的相对机会：有机会剥削、利用别人的人要对处于可能被剥削和利用地位的人承担责任。专业人员是掌握专门知识、熟悉专门技能、具有专业权威的人，他们很显然在上述四个层面的关系中属于处于有利地位、相对强势、可能制造危险、有机会利用别人的群体，因而他们必须为自己的行为承担更多的伦理责任。尤其在当今的高科技时代，任何一项科学或技术的成果当应用于实际生活时都可能产生负面的影响，而运用它们的专业人员必须考虑到这些影响并做出合乎伦理（而不仅仅是合乎专业知识）的选择，专业伦理作为责任伦理的最根本要求也就在此。

## 📑 相关知识

# 学习情境 9.1　构件做匀加速直线运动和匀速转动时的应力与强度计算

工程实际中，除了承受静载荷作用的构件外，还有一些构件由于加速提升或高速旋转而具有明显的加速度，这些构件承受的是动载荷的作用。

试验证明，只要应力不超过比例极限，胡克定律仍适用于动载荷作用下的应力、应变计算，弹性模量与静载荷下的数值相同。

在解决构件受这些动载荷作用的问题时，只要在构件的每个质点上加上相应的惯性力，就可以按静力问题来处理。

### 9.1.1　构件做匀加速直线运动时的应力与强度计算

以起重机起吊重物为例说明这类问题的计算方法。起重机的吊索以匀加速度 $a$ 提升重 $W$ 的重物［见图 9-1（a）］。设吊索的横截面面积为 $A$，单位体积重量为 $\gamma$，求离吊索下端为 $x$ 的横截面上的应力。

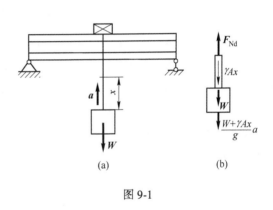

应用截面法，将吊索在离下端为 $x$ 处截开，取重物和部分吊索为研究对象［见图 9-1（b）］，其上作用的力有轴力 $F_{Nd}$、重力 $W$、吊索自重 $\gamma Ax$ 及虚加上的惯性力 $\dfrac{W + \gamma Ax}{g}a$，根据动静法，可列出平衡方程：

(a)　　　　　　(b)

图 9-1

$$\sum F_x = 0 ， \quad F_{Nd} - W - \gamma Ax - \frac{W + \gamma Ax}{g}a = 0$$

得：

$$F_{Nd} = (W + \gamma Ax)\left(1 + \frac{a}{g}\right)$$

式中，$W + \gamma Ax$ 为静载荷在吊索 $x$ 截面上引起的内力，如用 $F_{Nst}$ 表示，则上式可改写为：

$$F_{Nd} = F_{Nst}\left(1 + \frac{a}{g}\right)$$

即动载荷引起的内力等于静载荷引起的内力乘以因数 $1 + \dfrac{a}{g}$。我们把这个因数称为动荷因数，并用 $K_d$ 表示，即

$$K_d = 1 + \frac{a}{g} \tag{9-1}$$

而

$$F_{Nd} = F_{Nst} K_d$$

吊索横截面上的动应力为：

$$\sigma_d = \frac{F_{Nd}}{A} = K_d \frac{F_{Nst}}{A}$$

式中，$\frac{F_{Nst}}{A}$ 为静载荷在吊索上引起的应力，称为静应力，用 $\sigma_{st}$ 表示，则上式成为：

$$\sigma_d = K_d \sigma_{st} \tag{9-2}$$

式（9-2）表明，横截面上的动应力等于静应力乘以动荷因数。

由式（9-1）可知，$K_d$ 与加速度 $a$ 的大小有关，$a$ 越大则 $K_d$ 越大。当 $a = 0$ 时，$K_d = 1$，这就是静载荷情况。

在动载荷作用下，构件的强度条件可写为：

$$\sigma_{dmax} = K_d \sigma_{dstmax} \leqslant [\sigma] \tag{9-3}$$

或

$$\sigma_{dstmax} \leqslant \frac{[\sigma]}{K_d} \tag{9-4}$$

式中，$[\sigma]$ 为钢索材料在静载荷作用下的许用应力。

式（9-4）表明，在动载荷问题中，只要将构件的许用应力除以相应的动荷因数 $K_d$，则在动载荷作用下的强度问题就可以按静载荷作用下的强度问题来计算。需要指出，在不同的动载荷问题中，动荷因数 $K_d$ 不同。

**【例 9-1】** 矿山升降机吊笼重 $W = 40$ kN，钢索长 $l = 200$ m，横截面面积 $A = 300$ mm$^2$，钢索材料单位长度重量 $\gamma = 18$ N/m，许用应力 $[\sigma] = 160$ MPa。启动时，吊笼上升的加速度 $a = 2$ m/s$^2$，试校核钢索的强度。

**解**：设吊笼在井底静止时，钢索全部放开，此时钢索顶部的静拉力为：

$$F_N = W + \gamma l = (40 \times 10^3 + 18 \times 200) \text{N} = 43600 \text{ N}$$

静应力为：

$$\sigma_{st} = \frac{F_N}{A} = \frac{43600 \text{ N}}{300 \times 10^{-6} \text{ m}} = 145.33 \times 10^6 \text{ Pa} = 145.33 \text{ MPa}$$

动荷因数为：

$$K_d = 1 + \frac{a}{g} = 1 + \frac{2}{9.8} = 1.204$$

因此：

$$\sigma_{dmax} = K_d \sigma_{dstmax} = 1.204 \times 145.33 \text{ MPa} = 174.98 \text{ MPa} \geqslant [\sigma] = 160 \text{ MPa}$$

可见，钢索的强度不够。

### 9.1.2 构件做匀速转动时的应力与强度计算

以匀速转动的飞轮［见图 9-2（a）］为例说明这类问题的计算方法。

设飞轮以匀角速度 $\omega$ 转动，其平均直径为 $D$，轮缘的横截面面积为 $A$，材料的单位体积重量为 $\gamma$。如果不计轮辐的影响，飞轮可简化成一个圆环。又由于飞轮的轮缘厚度远比飞轮的平均直径小，故可以认为轮缘上各点具有相同的法向加速度，其大小为 $a_n = \dfrac{D}{2}\omega^2$。轮缘上的惯性力集度 $q_d = \dfrac{A\gamma}{g}a_n = \dfrac{A\gamma}{2g}D\omega^2$ [见图9-2 (b)]。

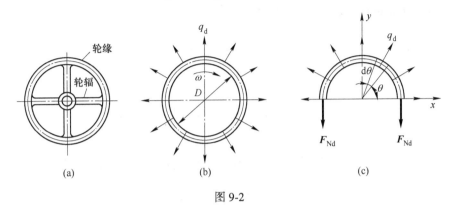

图 9-2

应用截面法，取轮缘的上半部为研究对象 [见图 9-2 (c)]，由于 $x$ 轴为整个圆环的对称轴，因此作用于圆环两横截面上的内力只有轴力而无剪力。又由于半圆环对称于 $y$ 轴，因此该两横截面上的轴力 $F_{Nd}$ 相等。根据动静法，由平衡方程 $\sum F_y = 0$ 得：

$$2F_{Nd} = \int_s q_d \mathrm{d}x\sin\theta$$

将 $q_d = \dfrac{A\gamma}{2g}D\omega^2$、$\mathrm{d}x = \dfrac{D}{2}\mathrm{d}\theta$ 代入上式并积分，得：

$$F_{Nd} = \frac{1}{2}\int_0^\pi \frac{A\gamma}{2g}D\omega^2 \frac{D}{2}\sin\theta\mathrm{d}\theta = \frac{A\gamma D^2}{4g}\omega^2$$

因此，轮缘横截面上的正应力为：

$$\sigma_d = \frac{F_{Nd}}{A} = \frac{\gamma D^2}{4g}\omega^2 \tag{9-5}$$

轮缘的强度条件为：

$$\sigma_d = \frac{\gamma D^2}{4g}\omega^2 \leqslant [\sigma] \tag{9-6}$$

式中，$[\sigma]$ 为轮缘材料在静载荷作用下的许用应力。

由式 (9-6) 可知，为保证飞轮安全工作，飞轮许用的角速度为：

$$\omega \leqslant \sqrt{\frac{4g[\sigma]}{\gamma D^2}} \tag{9-7}$$

【例 9-2】　某飞轮的平均直径 $D = 2.5$ m，材料单位体积重量 $\gamma = 73$ kN/m$^3$，许用拉应力 $[\sigma_t] = 40$ MPa，飞轮以 $n = 500$ r/min 的转速旋转，试校核其强度，并求其许用的转速。计算时忽略轮辐的影响。

**解：**（1）校核强度。飞轮的角速度为：

$$\omega = \frac{n\pi}{30} = 52.35 \text{ rad/s}$$

由式 (9-5)，飞轮的动应力为：

$$\sigma_d = \frac{\gamma D^2}{4g}\omega^2 = \frac{73 \times 10^3 \times 2.5^2}{4 \times 9.8}\omega^2 \quad Pa = 31.9\ MPa < [\sigma_t] = 40\ MPa$$

所以飞轮安全。

（2）确定飞轮许用的转速。由式（9-7）得：

$$\omega \leqslant \sqrt{\frac{4g[\sigma_t]}{\gamma D^2}} = \sqrt{\frac{4 \times 9.8 \times 40 \times 10^6}{73 \times 10^3 \times 2.5^2}}\ rad/s = 58.62\ rad/s$$

因此，许用转速为：

$$n = \frac{30\omega}{\pi} = \frac{30 \times 58.62}{\pi}\ r/min = 559.8\ r/min$$

# 学习情境9.2　构件的疲劳极限与疲劳强度

### 9.2.1　交变应力与疲劳破坏

　　工程中有些构件，在工作时的应力是随时间的改变而按某种规律交替变化的，这种应力称为交变应力。构件内产生交变应力的原因可分为两种。一种是载荷不变，而构件本身转动，从而引起构件内部应力发生交替变化。如火车轮轴［见图9-3（a）］以匀角速度$\omega$转动，轴内除了轴线上各点之外，其他任一点的弯曲正应力，都是随轮轴的转动而变化的，当轮轴旋转一周，各点的正应力完成一次周期性变化［见图9-3（b）］。另一种是受交变载荷的作用。如因电动机转子偏心而引起强迫振动的梁［见图9-4（a）］，其危险点处的应力也随时间作周期性变化［见图9-4（b）］。

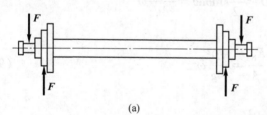
(a)

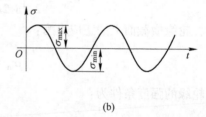
(b)

图 9-3

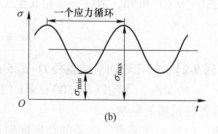
(a)　　　　　　　　　　　(b)

图 9-4

　　应力循环中最小应力 $\sigma_{min}$ 与最大应力 $\sigma_{max}$ 之比值 $r$，可以用来表示应力的变化特征，

称为交变应力的循环特征，即

$$r = \frac{\sigma_{\min}}{\sigma_{\max}} \tag{9-8}$$

若循环特征 $r=-1$，这种应力循环称为对称循环［见图 9-3（b）］；$r \neq -1$ 的应力循环统称为非对称循环。如图 9-4（b）所示曲线就是一种非对称循环的应力循环曲线。在非对称循环中，若 $\sigma_{\min}=0$，则循环特征 $r=0$，这种循环又称为脉动循环。

实践证明，在交变应力作用下的构件，虽然所受应力小于材料的屈服极限，但经过应力多次重复后，构件也会突然断裂，而且即使塑性很好的材料，断裂时也没有显著的塑性变形，这种破坏现象称为疲劳破坏或疲劳失效。

观察疲劳破坏构件的断口，可以看到其明显呈现两个区域，一个是光滑区域，另一个是粗糙区域，如图 9-5 所示。通常认为，产生疲劳破坏的原因是：当交变应力的大小超过一定限度并经历了很多次交替重复后，在构件内应力最大处或材料缺陷处产生了细微的裂纹，这种裂纹随着应力交变次数增加而不断扩展，在扩展过程中，由于应力交替变化，裂纹表面材料相互挤压形成断口的光滑区。随着裂纹不断扩展，有效截面逐渐缩小，当截面削弱到一定程度时，构件突然断裂，形成断口的粗糙区。

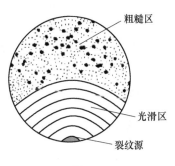

图 9-5

疲劳破坏通常是在构件工作中事先没有明显预兆的情况下突然发生，往往会造成严重事故。

### 9.2.2　疲劳极限及其测定

试验发现，在交变应力作用下，构件内的最大应力若不超过某一极限值，则构件可经历无限次应力循环而不发生疲劳破坏，这个应力的极限值称为疲劳极限。构件的疲劳极限与循环特征有关，构件在不同循环特征交变应力作用下的疲劳极限不同，以对称循环下的疲劳极限 $\sigma_{-1}$ 为最低。因此，通常将 $\sigma_{-1}$ 作为材料在交变应力作用下的主要强度指标。

材料的疲劳极限可通过疲劳试验来确定。对称循环下的疲劳极限试验可以用对称循环弯曲疲劳试验机（见图 9-6）来进行。

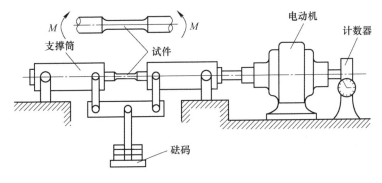

图 9-6

　　试验时，准备 6~10 根直径为 7~10 mm
的光滑小试样，一般将第一根试样的最大弯曲
应力调整至（0.5~0.6）$\sigma_b$。试样每旋转一
周，横截面上各点就经历一个应力循环，经过
了 $N_1$ 次循环后，试样断裂，其后依次逐根降
低试样的最大弯曲应力，记录下每根试样断裂
时的循环次数，并把它们绘成一条 $\sigma$-$N$ 曲线
（见图 9-7），此曲线称为疲劳曲线。

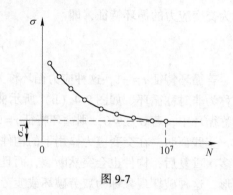

图 9-7

　　由疲劳曲线可以看出，试样断裂前所经历
的循环次数随试样内最大应力的减小而增加，
当最大应力降至某一数值后，疲劳曲线趋于水平。通常认为，黑色金属若经过 $10^7$ 次应力
循环而不发生疲劳破坏，则再增加循环次数也不会发生疲劳破坏。因此，$N=10^7$ 次应力循
环对应的最大应力值，就为黑色金属的疲劳极限 $\sigma_{-1}$。

　　各种材料的疲劳极限可从有关手册中查得。

### 9.2.3　影响构件疲劳极限的主要因素

　　与材料的疲劳极限不同，构件的疲劳极限不仅与材料有关，而且与构件的外形、尺寸
及表面状况等因素有关。下面定性介绍这些因素对构件疲劳极限的影响。

　　（1）构件外形的影响。由于工艺和使用要求，构件常需钻孔、开槽或设置轴阶等，
这样在工件外形突变处将引起应力集中。在应力集中的局部区域更容易形成疲劳裂纹，使
构件的疲劳极限显著降低。

　　（2）构件尺寸的影响。构件尺寸越大，其内部所含的杂质和缺陷也越多，产生疲劳
裂纹的可能性就越大，构件的疲劳极限则相应降低。

　　（3）表面加工质量的影响。一般情况下，构件的最大应力发生于表层，疲劳裂纹也
多在表层生成。表面加工的刀痕、擦伤等将引起应力集中，降低疲劳极限。

　　以上三种因素对构件疲劳极限影响的定量关系，可以在有关设计手册中查得。

　　为了校核构件的疲劳强度，可将构件的疲劳极限除以规定的安全因数得到疲劳许用应
力，然后再将工作应力与许用应力比较，即可判断构件是否安全。

思 考 题

9-1　什么是静载荷和动载荷，二者有什么区别？

9-2　什么是动荷因数？

9-3　转动飞轮为什么都要有一定的转速限制？若转速过高，将会产生什么后果？

9-4　什么是交变应力？

9-5　什么是材料的疲劳极限，$\sigma_{-1}$ 代表什么？

9-6　影响构件疲劳极限的主要因素有哪些？

## 选 择 题

9-1　对构件疲劳极限的影响因素主要有_____。

　　A. 构件外形的影响　　　　　　　B. 构件尺寸的影响

　　C. 表面加工质量的影响　　　　　D. 以上都是

9-2　动荷系数总是_____。

　　A. 大于 1　　　　　B. 小于 1　　　　　C. 等于 1　　　　　D. 等于 0

9-3　材料的持久极限与试件的_____无关。

　　A. 材料　　　　　B. 变形形式　　　　　C. 循环特征　　　　　D. 最大应力

9-4　疲劳破坏的主要特征有_____。

　　A. 破坏时的应力远小于静应力下的强度

　　B. 塑性材料会在无明显塑性变形下突然断裂

　　C. 断口明显呈现为光滑区和粗糙晶粒区

　　D. 以上三种都正确

9-5　当交变应力的_____不超过材料的疲劳极限时，试件可经历无限多次应力循环而不发生疲劳破坏。

　　A. 平均应力　　　　　B. 应力幅值　　　　　C. 最大应力　　　　　D. 最小应力

## 习　题

9-1　如图 9-8 所示，桥式起重机以匀加速度 $a = 4$ m/s$^2$ 提升一重物。物体重 $W = 10$ kN，起重机横梁为 28a 号工字钢，跨长 $l = 6$ m。不计横梁和钢丝绳的重量，求此时钢丝绳所受拉力及梁内最大正应力。

9-2　如图 9-9 所示以匀速度 $v = 1$ m/s 水平运动的重物，在吊索上某一点处受一杆阻碍，像单摆一样运动。已知吊索横截面面积 $A = 500$ mm$^2$，重物重 $W = 50$ kN，不计吊索重量，求此瞬间吊索内的最大动应力。

9-3　如图 9-10 所示，飞轮轮缘上点的速度 $v = 25$ m/s，材料的单位体积重量 $\gamma = 72.6$ kN/m$^3$。若不计轮辐的影响，求轮缘内的最大正应力。

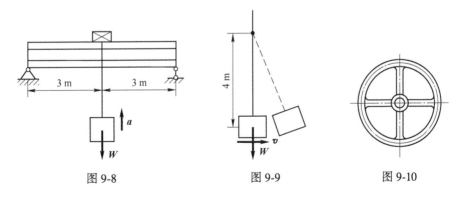

　　　　图 9-8　　　　　　　　　　图 9-9　　　　　　　　　图 9-10

9-4　以转速 $n = 100$ r/min 旋转的轴，转动惯量 $J = 0.5$ kg·m$^2$，直径 $d = 100$ mm。刹车时使轴在 10 s 内匀减速停止转动。不计轴的质量，求轴内的最大动应力。

9-5　试计算图 9-11 所示交变应力的循环特征 $r$。

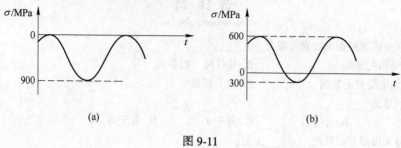

(a)　　　　　　　　　　　　　　　　(b)

图 9-11

# 参 考 文 献

［1］蒙晓影．工程力学［M］.6版．大连：大连理工大学出版社，2014.

［2］王丽梅．工程力学［M］.北京：机械工业出版社，2014.

［3］周立军．工程力学基础［M］.北京：清华大学出版社，2020.

［4］闫新生．简明工程力学［M］.北京：人民邮电出版社，2016.

［5］古滨．材料力学［M］.3版．北京：北京理工大学出版，2021.

# 附录　型钢规格表

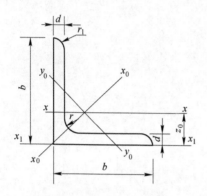

符号意义：

$d$——边厚度；　　　　　$r$——内圆弧半径；

$r_1$——边端内圆弧半径；　$z_0$——重心距离

| 角钢号数 | 尺寸/mm | | | 截面面积/cm² | 理论重量/kg·m⁻¹ | 外表面积/m²·m⁻¹ | 参 考 数 值 | | | | | | | | | | | |
|---|---|---|---|---|---|---|---|---|---|---|---|---|---|---|---|---|---|---|
| | | | | | | | $x$—$x$ | | | $x_0$—$x_0$ | | | $y_0$—$y_0$ | | | $x_1$—$x_1$ | $z_0$/cm |
| | $b$ | $d$ | $r$ | | | | $I_x$/cm⁴ | $i_x$/cm | $W_x$/cm³ | $I_{x0}$/cm⁴ | $i_{x0}$/cm | $W_{x0}$/cm³ | $I_{y0}$/cm⁴ | $i_{y0}$/cm | $W_{y0}$/cm³ | $I_{x1}$/cm³ | |
| 2 | 20 | 3 | 3.5 | 1.132 | 0.889 | 0.078 | 0.40 | 0.59 | 0.29 | 0.63 | 0.75 | 0.45 | 0.17 | 0.39 | 0.20 | 0.81 | 0.60 |
| | | 4 | | 1.459 | 1.145 | 0.077 | 0.50 | 0.58 | 0.36 | 0.78 | 0.73 | 0.55 | 0.22 | 0.38 | 0.24 | 1.09 | 0.64 |
| 2.5 | 25 | 3 | | 1.432 | 1.124 | 0.098 | 0.82 | 0.76 | 0.46 | 1.29 | 0.95 | 0.73 | 0.34 | 0.49 | 0.33 | 1.57 | 0.73 |
| | | 4 | | 1.859 | 1.459 | 0.097 | 1.03 | 0.74 | 0.59 | 1.62 | 0.93 | 0.92 | 0.43 | 0.48 | 0.40 | 2.11 | 0.76 |

注：截面图中的 $r_1 = d/3$ 及表中 $r$ 值的数据用于孔型设计，不作交货条件。

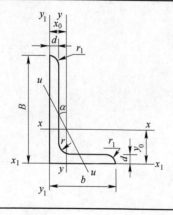

符号意义：

$B$——长边宽度；　　　$b$——短边宽度；

$d$——边厚度；　　　　$r$——内圆弧半径；

$r_1$——边端内圆弧半径；$x_0$——重心距离；

$y_0$——重心距离

| 角钢号数 | 尺寸/mm | | | | 截面面积/cm² | 理论重量/kg·m⁻¹ | 外表面积/m²·m⁻¹ | 参考数值 | | | | | | | | | | | | | | |
|---|---|---|---|---|---|---|---|---|---|---|---|---|---|---|---|---|---|---|---|---|---|---|
| | | | | | | | | x—x | | | y—y | | | x₁—x₁ | | y₁—y₁ | | u—u | | | | |
| | $B$ | $b$ | $d$ | $r$ | | | | $I_x$/cm⁴ | $i_x$/cm | $W_x$/cm³ | $I_y$/cm⁴ | $i_y$/cm | $W_y$/cm³ | $I_{x1}$/cm⁴ | $y_0$/cm | $I_{y1}$/cm⁴ | $x_0$/cm | $I_u$/cm⁴ | $i_u$/cm | $W_u$/cm³ | $\tan \alpha$ |
| 2.5/1.6 | 25 | 16 | 3 | 3.5 | 1.162 | 0.912 | 0.080 | 0.70 | 0.78 | 0.43 | 0.22 | 0.44 | 0.19 | 1.56 | 0.86 | 0.43 | 0.42 | 0.14 | 0.34 | 0.16 | 0.392 |
| | | | 4 | | 1.499 | 1.176 | 0.079 | 0.88 | 0.77 | 0.55 | 0.27 | 0.43 | 0.24 | 2.09 | 0.90 | 0.59 | 0.46 | 0.17 | 0.34 | 0.20 | 0.381 |
| 3.2/2 | 32 | 20 | 3 | | 1.492 | 1.171 | 0.102 | 1.53 | 1.01 | 0.72 | 0.46 | 0.55 | 0.30 | 3.27 | 1.08 | 0.82 | 0.49 | 0.28 | 0.43 | 0.25 | 0.382 |
| | | | 4 | | 1.939 | 1.522 | 0.101 | 1.93 | 1.00 | 0.93 | 0.57 | 0.54 | 0.39 | 4.37 | 1.12 | 1.12 | 0.53 | 0.35 | 0.42 | 0.32 | 0.374 |
| 4/2.5 | 40 | 25 | 3 | 4 | 1.890 | 1.484 | 0.127 | 3.08 | 1.28 | 1.15 | 0.93 | 0.70 | 0.49 | 5.39 | 1.32 | 1.59 | 0.59 | 0.56 | 0.54 | 0.40 | 0.385 |
| | | | 4 | | 2.467 | 1.936 | 0.127 | 3.93 | 1.26 | 1.49 | 1.18 | 0.69 | 0.63 | 8.53 | 1.37 | 2.14 | 0.63 | 0.71 | 0.54 | 0.52 | 0.381 |
| 4.5/2.8 | 45 | 28 | 3 | 5 | 2.149 | 1.687 | 0.143 | 4.45 | 1.44 | 1.47 | 1.34 | 0.79 | 0.62 | 9.10 | 1.47 | 2.23 | 0.64 | 0.80 | 0.61 | 0.51 | 0.383 |
| | | | 4 | | 2.806 | 2.203 | 0.143 | 5.69 | 1.42 | 1.91 | 1.70 | 0.78 | 0.80 | 12.13 | 1.51 | 3.00 | 0.68 | 1.02 | 0.60 | 0.66 | 0.380 |

注：截面图中的 $r_1 = d/3$ 及表中 $r$ 的数据用于孔型设计，不做交货条件。

### 附表 3　热轧工字钢（摘自 GB/T 706—2016）

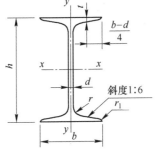

符号意义：

$h$——高度；　　　　$t$——平均腿厚度；

$b$——腿宽度；　　　$r$——内圆弧半径；

$d$——腰厚度；　　　$r_1$——腿端圆弧半径

| 型号 | 尺寸/mm | | | | | | 截面面积/cm² | 理论重量/kg·m⁻¹ | 参考数值 | | | | | | |
|---|---|---|---|---|---|---|---|---|---|---|---|---|---|---|---|
| | | | | | | | | | x—x | | | | y—y | | |
| | $h$ | $b$ | $d$ | $t$ | $r$ | $r_1$ | | | $I_x$/cm⁴ | $W_x$/cm³ | $i_x$/cm | $I_x:S_x$/cm | $I_y$/cm⁴ | $W_y$/cm³ | $i_y$/cm |
| 10 | 100 | 68 | 4.5 | 7.6 | 6.5 | 3.3 | 14.3 | 11.3 | 245 | 49 | 4.14 | 8.59 | 33 | 9.72 | 1.52 |
| 12.6 | 126 | 74 | 5 | 8.4 | 7 | 3.5 | 18.1 | 14.2 | 488.43 | 77.529 | 5.20 | 10.85 | 46.9 | 12.7 | 1.61 |
| 14 | 140 | 80 | 5.5 | 9.1 | 7.5 | 3.8 | 21.5 | 16.9 | 712 | 102 | 5.76 | 12 | 64.4 | 16.1 | 1.73 |
| 16 | 160 | 88 | 6 | 9.9 | 8 | 4 | 26.1 | 20.5 | 1130 | 141 | 6.58 | 13.8 | 93.1 | 21.2 | 1.89 |
| 18 | 180 | 94 | 6.5 | 10.7 | 8.5 | 4.3 | 30.7 | 24.1 | 1660 | 185 | 7.36 | 15.4 | 122 | 26 | 2 |
| 20a | 200 | 100 | 7 | 11.4 | 9 | 4.5 | 35.55 | 27.9 | 2370 | 237 | 8.15 | 17.2 | 158 | 31.5 | 2.12 |
| 20b | 200 | 102 | 9 | 11.4 | 9 | 4.5 | 39.55 | 31.1 | 2500 | 250 | 7.96 | 16.9 | 169 | 33.1 | 2.06 |
| 22a | 220 | 110 | 7.5 | 12.3 | 9.5 | 4.8 | 42.1 | 33 | 3400 | 309 | 8.99 | 18.9 | 225 | 40.9 | 2.31 |
| 22b | 220 | 112 | 9.5 | 12.3 | 9.5 | 4.8 | 46.5 | 36.5 | 3570 | 325 | 8.78 | 18.7 | 239 | 42.7 | 2.27 |

续附表 3

| 型号 | 尺寸/mm | | | | | | 截面面积/cm² | 理论重量/kg·m⁻¹ | 参考数值 | | | | | | |
|---|---|---|---|---|---|---|---|---|---|---|---|---|---|---|---|
| | | | | | | | | | x—x | | | | y—y | | |
| | $h$ | $b$ | $d$ | $t$ | $r$ | $r_1$ | | | $I_x$/cm⁴ | $W_x$/cm³ | $i_x$/cm | $I_x:S_x$/cm | $I_y$/cm⁴ | $W_y$/cm³ | $i_y$/cm |
| 25a | 250 | 116 | 8 | 13.5 | 10 | 5 | 48.5 | 38.1 | 5020 | 401.88 | 10.20 | 21.58 | 280 | 48.3 | 2.40 |
| 25b | 250 | 118 | 10 | 13.5 | 10 | 5 | 53.5 | 42.0 | 5280 | 422.72 | 9.94 | 21.27 | 309 | 52.4 | 2.40 |
| 28a | 280 | 122 | 8.5 | 13.7 | 10.5 | 5.3 | 55.37 | 43.5 | 7110 | 508.15 | 11.32 | 24.62 | 345 | 56.6 | 2.50 |
| 28b | 280 | 124 | 10.5 | 13.7 | 10.5 | 5.3 | 60.97 | 47.9 | 7480 | 534.29 | 11.08 | 24.24 | 379 | 61.2 | 2.49 |
| 32a | 320 | 130 | 9.5 | 15 | 11.5 | 5.8 | 67.12 | 52.7 | 11100 | 692.2 | 12.84 | 27.46 | 460 | 70.8 | 2.62 |
| 32b | 320 | 132 | 11.5 | 15 | 11.5 | 5.8 | 73.52 | 57.7 | 11600 | 726.33 | 12.58 | 27.09 | 502 | 76.0 | 2.61 |

## 附表 4　热轧槽钢（摘自 GB/T 706—2016）

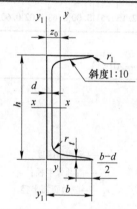

符号意义：

$h$——高度；　　　　　　　　$r_1$——腿端圆弧半径；

$b$——腿宽度；　　　　　　　$z_0$——$y$—$y$ 轴与 $y_1$—$y_1$ 轴间距

$d$——腰厚度；

$t$——平均腿厚度；

$r$——内圆弧半径；

| 型号 | 尺寸/mm | | | | | | 截面面积/cm² | 理论重量/kg·m⁻¹ | 参考数值 | | | | | | | |
|---|---|---|---|---|---|---|---|---|---|---|---|---|---|---|---|---|
| | | | | | | | | | x—x | | | y—y | | | $y_1$—$y_1$ | $z_0$/cm |
| | $h$ | $b$ | $d$ | $t$ | $r$ | $r_1$ | | | $W_x$/cm³ | $I_x$/cm⁴ | $i_x$/cm | $W_y$/cm³ | $I_y$/cm⁴ | $i_y$/cm | $I_{y1}$/cm⁴ | |
| 5 | 50 | 37 | 4.5 | 7 | 7 | 3.5 | 6.93 | 5.44 | 10.4 | 26 | 1.94 | 3.55 | 8.3 | 1.1 | 20.9 | 1.35 |
| 6.3 | 63 | 40 | 4.8 | 7.5 | 7.5 | 3.8 | 8.446 | 6.63 | 16.1 | 50.8 | 2.45 | 4.50 | 11.9 | 1.19 | 28.4 | 1.36 |
| 8 | 80 | 43 | 5 | 8 | 8 | 4 | 10.24 | 8.04 | 25.3 | 101.3 | 3.15 | 5.79 | 16.6 | 1.27 | 37.4 | 1.43 |
| 10 | 100 | 48 | 5.3 | 8.5 | 8.5 | 4.2 | 12.74 | 10 | 39.7 | 198.3 | 3.95 | 7.8 | 25.6 | 1.41 | 54.9 | 1.52 |
| 12.6 | 126 | 53 | 5.5 | 9 | 9 | 4.5 | 15.69 | 12.3 | 62.1 | 391 | 4.95 | 10.2 | 38.0 | 1.57 | 77.09 | 1.59 |
| 14a | 140 | 58 | 6 | 9.5 | 9.5 | 4.8 | 18.51 | 14.53 | 80.5 | 563.7 | 5.52 | 13.01 | 53.2 | 1.7 | 107.1 | 1.71 |
| 14b | 140 | 60 | 8 | 9.5 | 9.5 | 4.8 | 21.31 | 16.73 | 87.1 | 609.4 | 5.35 | 14.12 | 61.1 | 1.69 | 120.6 | 1.67 |
| 16a | 160 | 63 | 6.5 | 10 | 10 | 5 | 21.95 | 17.23 | 108.3 | 866.2 | 6.28 | 16.3 | 73.3 | 1.83 | 144.1 | 1.8 |
| 16 | 160 | 65 | 8.5 | 10 | 10 | 5 | 25.15 | 19.8 | 116.8 | 935 | 6.1 | 17.55 | 83.4 | 1.82 | 160.8 | 1.75 |
| 18a | 180 | 68 | 7 | 10.5 | 10.5 | 5.2 | 25.69 | 20.17 | 141.4 | 1270 | 7.04 | 20.03 | 98.6 | 1.96 | 189.7 | 1.88 |
| 18 | 180 | 70 | 9 | 10.5 | 10.5 | 5.2 | 29.29 | 22.99 | 152.2 | 1370 | 6.84 | 21.52 | 111 | 1.95 | 210.1 | 1.84 |
| 20a | 200 | 73 | 7 | 11 | 11 | 5.5 | 28.83 | 22.63 | 178 | 1780 | 7.86 | 24.2 | 128 | 2.11 | 244 | 2.01 |

# 选择题答案

| | | | | | | | | | |
|---|---|---|---|---|---|---|---|---|---|
| 1-1 | B | 1-2 | C | 1-3 | C | 1-4 | B | 1-5 | D |
| 2-1 | B | 2-2 | D | 2-3 | B | 2-4 | C | 2-5 | D |
| 3-1 | A | 3-2 | C | 3-3 | C | 3-4 | C | 3-5 | D |
| 4-1 | B | 4-2 | C | 4-3 | A | 4-4 | D | 4-5 | A |
| 4-6 | A | 4-7 | D | 4-8 | C | 4-9 | D | 4-10 | A |
| 5-1 | B | 5-2 | A | 5-3 | B | 5-4 | D | 5-5 | A |
| 6-1 | C | 6-2 | B | 6-3 | B | 6-4 | D | 6-5 | D |
| 7-1 | D | 7-2 | C | 7-3 | C | 7-4 | B | 7-5 | C |
| 9-1 | D | 9-2 | A | 9-3 | D | 9-4 | D | 9-5 | C |

# 习 题 答 案

## 模块 1　刚体静力分析基础

1-1　（a）$M_O = Fl$

（b）$M_O = 0$

（c）$M_O = Fl\sin\theta$

（d）$M_O = -Fa$

（e）$M_O = F(l + r)$

（f）$M_O = F\sqrt{l^2 + a^2}\sin\theta$

1-2　$F = 44.7$ N

1-3~1-6　略

## 模块 2　平面力系

2-1　$F_{1x} = -1732$ N，$F_{1y} = -1000$ N；$F_{2x} = 0$，$F_{2y} = 150$ N；$F_{3x} = 173.2$ N，$F_{3y} = 173.2$ N；$F_{4x} = -100$ N，$F_{4y} = 173.2$ N

2-2　$F_R = 161.2$ N，$\angle(\boldsymbol{F}_R, \boldsymbol{F}_1) = 29°44'$，$\angle(\boldsymbol{F}_R, \boldsymbol{F}_3) = 60°16'$

2-3　$F_{R'} = \sqrt{2}F$；$M_O = 2Fa$

2-4　$F_R = 8027$ kN，$\angle(\boldsymbol{F}_R, x) = 92°24'$，$x = 0.762$ m（在 $O$ 点左边）

2-5　（a）$F_{AB} = 0.577W$（拉），$F_{AC} = 1.155W$（压）

（b）$F_{AB} = F_{AC} = 0.577W$（拉）

2-6　$F_A = 3.26$ kN，$F_B = 4.40$ kN

2-7　$F_{\min} = 15$ kN

2-8　$F_A = F_B = 1.5$ kN

2-9　$F = 8.33$ kN

2-10　$F_N = 100$ kN

2-11　$F_A = 55.5$ kN，$F_B = 24.5$ kN；$W_{1\max} = 46.7$ kN

2-12　（a）$F_A = 200$ kN，$F_B = 150$ kN

（b）$F_A = 192$ kN，$F_B = 288$ kN

（c）$F_A = 3.75$ kN，$F_B = -0.25$ kN

（d）$F_A = -45$ kN，$F_B = 85$ kN

（e）$F_A = 80$ kN，$W_A = 195$ kN·m

（f）$F_A = 24$ kN，$F_B = 12$ kN

2-13　$F_{Ax} = -3$ kN，$F_{Ay} = -0.25$ kN；$F_B = 4.25$ kN

2-14   $F_{Ax}=-100$ kN, $F_{Ay}=-50$ kN; $F_C=141.4$ kN

2-15   $F_{Ax}=-5.17$ kN, $F_{Ay}=-44.5$ kN; $F_B=20.02$ kN

2-16   $F_{Dx}=23$ N, $F_{Dy}=-10$ kN; $F_C=33$ N

2-17   $F_{Ax}=2.4$ kN, $F_{Ay}=1.2$ kN; $F_{BC}=848$ N

2-18   $F_N=567$ N

2-19   $M_2=3$ N·m, $F_{Ax}=5$ N

2-20   $F_N=F(1+l/a)^2$

2-21   $F=\dfrac{h}{H}F_T$, $F_{BD}=\dfrac{W}{2}+\dfrac{ah}{2bH}F_T$

2-22   $F_{Hx}=-1500$ N, $F_{Hy}=500$ N

2-23   $F_{Ax}=20$ kN, $F_{Ay}=70$ kN; $F_{Bx}=-20$ kN, $F_{By}=50$ kN

2-24   (a) $F_A=25$ kN, $F_B=85$ kN, $F_D=10$ kN

      (b) $F_A=12.5$ kN, $F_B=57.5$ kN, $F_E=62.5$ kN, $F_H=17.5$ kN

2-25   $F_A=2.5$ kN, $M_A=10$ kN·m; $F_B=1.5$ kN

2-26   (a) 平衡, $F_f=200$ N

      (b) 不平衡, $F_{fmax}=150$ N

2-27   不滑动

2-28   $F_T=26$ kN, $F_{T'}=21$ kN

2-29   $F=12$ N

2-30   (1) $F=\dfrac{\sin\theta+f_S\cos\theta}{\cos\theta-f_S\sin\theta}W$

      (2) $F=\dfrac{\sin\theta-f_S\cos\theta}{\cos\theta+f_s\sin\theta}W$

2-31   $f_s\geqslant0.12$

2-32   $F_A=\dfrac{rWa}{Rf_S(a+b)}$

2-33   $a<\dfrac{b}{2f_S}$

2-34   $\theta\leqslant11°26'$

## 模块 3   空间力系与重心

3-1   $F_{1x}=1.2$ kN, $F_{1y}=1.6$ kN, $F_{1z}=0$; $F_{2x}=0.424$ kN, $F_{2y}=0.566$ kN, $F_{2z}=0.707$ kN; $F_{3x}=0$, $F_{3y}=0$, $F_{3z}=3$ kN

3-2   $F_x=354$ N, $F_y=-354$ N, $F_z=-866$ N; $M_x=-258$ N·m, $M_y=966$ N·m, $M_z=-500$ N·m

3-3   $F_{AB}=11.8$ kN (压), $F_{AC}=4.89$ kN (拉), $F_{AD}=6.9$ kN (压)

3-4   $F_A=F_B=F_C=W/3$

3-5   $F=0.8$ kN; $F_{Ay}=-0.32$ kN, $F_{Az}=-0.48$ kN; $F_{By}=1.12$ kN, $F_{Bz}=-0.32$ kN

3-6   $F_{T1}=10$ kN, $F_{T2}=5$ kN; $F_{Ax}=-5.2$ kN, $F_{Az}=6$ kN; $F_{By}=-7.8$ kN, $F_{Bz}=1.5$ kN

3-7　$F_{Cx} = -667$ N, $F_{Cy} = -14.7$ N, $F_{Cz} = 12640$ N; $F_{Ax} = 2667$ N, $F_{Ay} = 325.3$ N

3-8　$F_{Ox} = 25$ kN, $F_{Oy} = 0$, $F_{Oz} = 460$ kN;

　　　$M_{Ox} = 78$ kN $\cdot$ m, $M_{Oy} = 150$ kN $\cdot$ m, $M_{Oz} = -7.5$ kN $\cdot$ m

3-9　（a）$x_C = 6.07$ mm

　　　（b）$x_C = 5.1$ mm, $y_C = 10.1$ mm

## 模块 4　弹性变形体静力分析基础

4-1　（a）$F_{N1} = 1$ kN; $F_{N2} = 3$ kN, $M_2 = 1$ kN $\cdot$ m

　　　（b）$F_{N1} = F$, $M_1 = M_e - Fa$; $F_{S2} = F$, $M_2 = M_e - Fb$

4-2　$\varepsilon_m = 5 \times 10^{-4}$

4-3　$\sigma = 80$ MPa

## 模块 5　杆件的内力分析

5-1　（a）$F_{N1} = F$, $F_{N2} = -F$

　　　（b）$F_{N1} = F$, $F_{N2} = 0$, $F_{N3} = 2F$

　　　（c）$F_{N1} = -2$ kN, $F_{N2} = 2$ kN, $F_{N3} = -4$ kN

　　　（d）$F_{N1} = 5$ kN, $F_{N2} = 10$ kN, $F_{N3} = -10$ kN

5-2　（a）$T_1 = -2$ kN $\cdot$ m, $T_2 = -2$ kN $\cdot$ m, $T_3 = 3$ kN $\cdot$ m

　　　（b）$T_1 = -20$ kN $\cdot$ m, $T_2 = -10$ kN $\cdot$ m, $T_3 = 20$ kN $\cdot$ m

5-3　$|T|_{max} = 1$ kN $\cdot$ m

5-4　（a）$F_{S1} = 0$; $M_1 = 0$; $F_{S2} = -qa$, $M_2 = -qa^2/2$; $F_{S3} = -qa$, $M_3 = qa^2/2$

　　　（b）$F_{S1} = 0$; $M_1 = 0$; $F_{S2} = -F$, $M_2 = 0$; $F_{S3} = -F$, $M_3 = Fa$; $F_{S4} = 0$, $M_4 = Fa$ ;
　　　　　$F_{S5} = 0$, $M_5 = Fa$

　　　（c）$F_{S1} = -qa$, $M_1 = 0$; $F_{S2} = -qa$, $M_2 = -qa^2$; $F_{S3} = -qa$, $M_3 = qa^2$; $F_{S4} = -qa$,
　　　　　$M_4 = 0$

　　　（d）$F_{S1} = -qa$, $M_1 = -qa^2/2$; $F_{S2} = -3qa/2$, $M_2 = -2qa^2$; $F_{S3} = qa$, $M_3 = -qa^2$

5-5　（a）$|F_S|_{max} = 2ql$, $|M|_{max} = 3ql^2/2$

　　　（b）$|F_S|_{max} = 2F$, $|M|_{max} = 2Fa$

　　　（c）$|F_S|_{max} = 2F$, $|M|_{max} = 3Fl$

　　　（d）$|F_S|_{max} = 7qa^2/4$, $|M|_{max} = 49qa^2/32$

　　　（e）$|F_S|_{max} = qa$ , $|M|_{max} = qa^2$

　　　（f）$|F_S|_{max} = qa$ , $|M|_{max} = qa^2$

　　　（g）$|F_S|_{max} = 25$ kN, $|M|_{max} = 20$ kN $\cdot$ m

　　　（h）$|F_S|_{max} = 30$ kN, $|M|_{max} = 15$ kN $\cdot$ m

5-6　（a）$|F_S|_{max} = qa$, $|M|_{max} = qa^2/2$

　　　（b）$|F_S|_{max} = 4qa$, $|M|_{max} = 13qa^2/2$

　　　（c）$|F_S|_{max} = 3ql/8$, $|M|_{max} = 9ql^2/32$

　　　（d）$|F_S|_{max} = F$, $|M|_{max} = Fa$

（e）$|F_S|_{max} = 40$ kN，$|M|_{max} = 40$ kN·m

（f）$|F_S|_{max} = 10$ kN，$|M|_{max} = 10$ kN·m

## 模块6　杆件的应力与强度计算

6-1　$\sigma_{1-1} = 175$ MPa，$\sigma_{2-2} = 350$ MPa

6-2　（a）$\sigma_{max} = 50$ MPa（压）

　　　（b）$\sigma_{max} = 100$ MPa（压）

6-3　（1）$\sigma = 75.9$ MPa$<[\sigma]$；（2）$n = 14$

6-4　$d = 17$ m

6-5　$[W] = 33.3$ kN

6-6　$[W] = 40.4$ kN

6-7　$\sigma_a = -54.3$ MPa，$\sigma_b = 0$，$\sigma_c = 108.6$ MPa

6-8　$\tau_a = 0.225$ MPa，$\tau_b = 0.459$ MPa，$\tau_c = 0$

6-9　$\sigma_{max} = 7.1$ MPa$<[\sigma]$，$\tau_{max} = 0.48$ MPa$<[\tau]$

6-10　（1）$b \times h = 160$ mm$\times 240$ mm；（2）$W_z \geqslant 1.53 \times 10^6$ mm$^3$，选用45c号；（3）3.2∶1

6-11　$[F] = 56.8$ kN

6-12　$b = 510$ mm

6-13　$[F] = 44.3$ kN

6-14　（1）$x = 0.2071$；（2）$\sigma_{max} = 78.2$ MPa$<[\sigma]$

6-15　$h/b = \sqrt{2}$

6-16　$\sigma_{t\,max} = 6.75$ MPa，$\sigma_{c\,max} = 6.99$ MPa，横截面 $C$ 处出现最大拉应力与最大压应力

6-17　20b 号

6-18　$[F] = 4.19$ kN

6-19　$h = 372$ mm

6-20　$a_{max} = 39.4$ mm

6-21　$\tau_{max} = 64$ MPa，$\tau_\rho = 32$ MPa

6-22　$\tau_{AC\,max} = 49.4$ MPa$<[\tau]$，$\tau_{DB\,max} = 21.3$ MPa$<[\tau]$

6-23　$d_1 \geqslant 45$ mm，$D_2 \geqslant 46$ mm

6-24　$[P] = 16.2$ kW

6-25　（1）$M_e = 9.75$ N·m/m，$\tau_{max} = 17.7$ MPa$<[\tau]$；

　　　（2）钻杆的扭矩图如下：

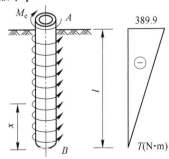

6-26　$[F] = 292$ N

6-27　$d \geqslant 50$ mm

6-28　$t = 80$ mm

## 模块 7　杆件的变形与刚度计算

7-1　$\Delta l = 2$ mm

7-2　$E = 208$ GPa, $\nu = 0.317$

7-3　$F = 107.1$ kN

7-4　$t = 30$ mm

7-5　$\Delta = 47.4$ m, $F = 176.7$ kN

7-6　$\varphi = 0.043$ rad $= 2.45°$

7-7　$d = 101.1$ mm

7-8　$\tau_{\max} = 16.3$ MPa$< [\tau]$, $\theta = 0.58°/\text{m} < [\theta]$

7-9　$P_{\max} = 11.21$ kW

7-10　$l = 2.18$ m

7-11　(a) $\omega_B = \dfrac{ql^4}{8EI}$, $\theta_B = \dfrac{ql^3}{6EI}$

　　　(b) $\omega_B = \dfrac{M_e l^2}{2EI}$, $\theta_B = \dfrac{M_e l}{EI}$

7-12　(a) $\omega_C = \dfrac{M_e l^2}{16EI}$, $\theta_A = \dfrac{M_e l}{3EI}$, $\theta_B = -\dfrac{M_e l}{6EI}$

　　　(b) $\omega_C = \dfrac{M_e l^2}{16EI}$, $\theta_A = \dfrac{M_e l}{6EI}$, $\theta_B = -\dfrac{M_e l}{3EI}$

7-13　(a) $\omega_C = \dfrac{Fl^3}{6EI}$, $\theta_B = \dfrac{9Fl^2}{8EI}$

　　　(b) $\omega_C = -\dfrac{23ql^4}{384EI}$, $\theta_B = -\dfrac{ql^3}{3EI}$

　　　(c) $\omega_C = \dfrac{17ql^4}{384EI}$, $\theta_B = -\dfrac{ql^3}{8EI}$

　　　(d) $\omega_C = -\dfrac{Fl^3}{24EI}$, $\theta_B = \dfrac{13Fl^2}{48EI}$

7-14　$\omega_B = \dfrac{41ql^4}{384EI}$

7-15　$\Delta l_{BD} = 0.25$ mm, $\Delta l_{CV} = 11.25$ mm （↓）

7-16　$[q] = 9.9$ kN/m

## 模块 8　压杆稳定

8-1　(1) $F_{\text{cr}} = 37$ kN; (2) $F_{\text{cr}} = 52.6$ kN; (3) $F_{\text{cr}} = 178$ kN; (4) $F_{\text{cr}} = 320$ kN

8-2　(1) $F_{\text{cr}} = 105$ kN; (2) $F_{\text{cr}} = 67.3$ kN; (3) $F_{\text{cr}} = 59.1$ kN

8-3 　$F_{cr1} = 2682.5$ kN，$F_{cr2} = 4200.1$ kN，$F_{cr3} = 4593.6$ kN

8-4 　$\sigma = 24.5$ MPa，$[\sigma]_{st} = 25$ MPa

8-5 　$[\sigma]_{st} = 2.1$ MPa

8-6 　$[F]_{st} = 247.6$ kN

## 模块 9　动载荷与交变应力

9-1 　$F_{Nd} = 14.08$ kN，$\sigma_{dmax} = 41.56$ MPa

9-2 　$\sigma_{dmax} = 102.55$ MPa

9-3 　$\sigma_{dmax} = 4.63$ MPa

9-4 　$\tau_{max} = 2.67$ MPa

9-5 　（a）$r = \infty$；（b）$r = -0.5$